21 世纪高等职业教育计算机系列规划教材

Visual Basic 程序设计
项目教程

刘自昆　李怡平　主　编

刁　绫　王剑峰　蒋文豪　副主编

电子工业出版社

Publishing House of Electronics Industry

北京 · BEIJING

内 容 简 介

本教材以改革计算机教学，适应职业教育需要为出发点，力图有所创新，全书并非面面俱到地铺叙 Visual Basic 的全部功能特性，而是围绕计算机专业课程的特点和教学思路，采用"项目驱动+案例教学"的方式进行编写，主要介绍 Visual Basic 6.0 可视化编程语言的基础知识和编程方法。全书共 11 个项目，主要内容包括 Visual Basic 6.0 的集成开发环境，编程基础，菜单的设计，图形制作，多窗体设计，文件管理，数据库编程，多媒体制作等。内容由浅入深，逐步推进，精编精讲，文字叙述通俗易懂，所选用的实例都具有很强的代表性。大量的案例和课后的习题有助于学生提高编程能力，为日后的应用打下坚实的基础。

本书适合作为高等职业学校"Visual Basic 程序设计"课程的教材，也可作为 Visual Basic 6.0 初学者的自学用书和相关人员的参考用书。

图书在版编目（CIP）数据

Visual Basic 程序设计项目教程 / 刘自昆，李怡平主编. —北京：电子工业出版社，2010.10
（21 世纪高等职业教育计算机系列规划教材）
ISBN 978-7-121-11965-1

I. ①V… Ⅱ. ①刘… ②李… Ⅲ. ①BASIC 语言－程序设计－高等学校：技术学校－教材 Ⅳ.①TP312

中国版本图书馆 CIP 数据核字（2010）第 196534 号

策划编辑：徐建军
责任编辑：徐建军　　　　特约编辑：方红琴
印　　刷：北京市海淀区四季青印刷厂
装　　订：三河市鹏成印业有限公司
出版发行：电子工业出版社
　　　　　北京市海淀区万寿路 173 信箱　邮编　100036
开　　本：787×1 092　1/16　印张：15.25　字数：390.4 千字
印　　次：2010 年 10 月第 1 次印刷
印　　数：4 000 册　　定价：28.00 元

凡所购买电子工业出版社图书有缺损问题，请向购买书店调换。若书店售缺，请与本社发行部联系，联系及邮购电话：（010）88254888。

质量投诉请发邮件至 zlts@phei.com.cn，盗版侵权举报请发邮件至 dbqq@phei.com.cn。

服务热线：（010）88258888。

前　言

"Visual Basic 程序设计"作为计算机专业的一门专业基础主干课程，其目的是为了使学生建立面向对象的可视化编程思想，培养学生逻辑编程能力，提高学生使用计算机的能力，从而培养学生认识、分析和解决问题的思路和能力。它作为主干课程具有以下几点优势：一是相对于 C 和 Java 等语言，学生学习起来难度相对较小，特别是对于高职类计算机专业的学生；二是 VB 程序设计语言为用户提供了可视化的面向对象与事件驱动的程序设计集成开发环境，使程序设计变得十分快捷、方便，用户无须设计大量的程序代码，便可设计出实用的应用系统；三是就目前的现实应用来看，Visual Basic 有着广泛的市场基础和前景，比较适合初级编程者学习。

随着计算机技术的发展，职业学校"Visual Basic 6.0"课程的教学存在的主要问题是传统的教学内容无法适应高职学生的就业需要，本教材的编写尝试打破原来的学科知识体系，按"任务驱动+案例教学"模式构建技能培训体系，即采用项目式的编写体系，项目为知识点服务，其目的是让学生通过完成相关项目，从中学会 Visual Basic 编程语言的使用，并对计算机程序设计方法有一定程度的了解。

教材的内容主要包括 Visual Basic 6.0 的启动、集成开发环境、编程基础、标准控件的使用、菜单的设计、图形处理、多界面的设计、文件的管理、数据库编程等。通过本课程的学习将使学生在进行动手实践的同时，学习基本理论知识，建立起可视化编程的思想，熟练掌握可视化编程的方法。

本教材重点介绍案例的操作步骤，辅以要点提示及操作技巧说明，通过案例介绍功能，让学生学会相关知识。在编写体例上采用项目式编写，由浅入深，力求通俗易懂、简洁实用，突出 Visual Basic 6.0 中文版的功能及易学易用的特色。

本课程的教学时数为 72 学时，各项目的参考教学课时见以下的课时分配表。

章　　节	课　程　内　容	课 时 分 配
项目一	熟悉 Visual Basic 6.0 开发环境	4
项目二	掌握 Visual Basic 6.0 编程基础	8
项目三	设计简单乘法计算器	6
项目四	设计字体显示器	6
项目五	设计商品信息显示系统	6
项目六	设计各国城市时间显示程序	6
项目七	设计我的记事本	8
项目八	设计学生成绩查询系统	8
项目九	设计简易画图程序	6
项目十	制作 CD 播放机	6
项目十一	设计学生成绩管理系统	8

本书适合作为高等职业学校"Visual Basic 程序设计"课程的教材，也可作为 Visual Basic 6.0 初学者的自学用书和相关人员的参考用书。

本书的所有案例都在中文 VB6.0 企业版中调试通过。若读者需要本教材中的例题、程序和实训程序，可直接与作者（E-mail:liu_zikun68@163.com）联系。

本书由重庆航天职业技术学院的刘自昆和李怡平老师担任主编，刁绫、王剑峰和蒋文豪老师担任副主编。项目一由曾立梅编写，项目二、八、附录 A～E 由刘自昆编写，项目四、七由李怡平编写，项目三、九、十、附录 F 由王剑峰编写，项目五、六由刁绫编写，项目十一由蒋文豪编写。

为了方便教师教学，本书配有电子教学课件，请有此需要的教师登录华信教育资源网（www.hxedu.com.cn）免费注册后进行下载，如有问题可在网站留言板留言或与电子工业出版社联系（E-mail:hxedu@phei.com.cn）。

由于对项目式教学法正处于经验积累和改进过程中，同时，由于编者水平有限和时间仓促，书中难免存在疏漏和不足。希望同行专家和读者能给予批评和指正。

编 者

目　录

项目一 熟悉 Visual Basic 6.0 开发环境

Visual Basic 6.0 是 Microsoft 公司推出的一个面向对象的基于事件驱动的可视化集成开发环境。用户可以使用它方便快捷地创建各种 Windows 应用程序。由于它继承了 Basic 语言简单易学的优点，且增强了可视化、分布式数据库以及 Internet 编程等功能，使它成为了一款易学实用、功能强大的 Windows 应用程序开发工具。

【项目要求】本项目使用 Visual Basic 6.0 编写一个简单的应用程序"欢迎来到 Visual Basic 6.0 的世界！"，其运行界面如图 1-1 所示。在编写此程序之前，先了解学习 Visual Basic 6.0 的方法，并学习如何安装、启动 Visual Basic 6.0。

图 1-1 "欢迎来到 Visual Basic 6.0 的世界！"运行界面

【学习目标】
✧ 了解学习 Visual Basic 6.0 的方法
✧ 熟悉 Visual Basic 6.0 的集成开发环境
✧ 了解利用 Visual Basic 6.0 创建简单的应用程序的方法
✧ 掌握用户界面的设置
✧ 掌握属性的设置
✧ 掌握代码窗口的使用
✧ 掌握运行调试应用程序

任务一 掌握 Visual Basic 6.0 的学习方法

学习方法对学习结果的影响是不言而喻的，而每门学科的学习方法差别很大。那么，怎样才能学好 Visual Basic 6.0 呢？

1. 学习程序设计的基本要求

（1）熟悉 Visual Basic 6.0 的操作环境与设计工具，能设计应用程序界面。

（2）理解面向对象程序设计的基本概念。

（3）掌握 Visual Basic 6.0 语言的基础知识和程序设计的方法。

（4）具备用 Visual Basic 6.0 开发 Windows 环境下应用程序的能力和阅读分析一般难度的 Visual Basic 程序的能力。

2．打好基础

学习编程要具备一定的基础，初学者要掌握以下几方面的知识。

（1）学习程序设计要有一定的数学基础。计算机的数学理论模型——图灵机（由 Alan Turing 提出）和体系结构（由 John Von Neumann 提出）等都是由数学家提出的。

（2）学习程序设计要具备一定的编程思想。要成为一名优秀的程序员，最重要的是掌握编程思想，做到这一点要经过反复的实践、观察、分析、比较和总结。

3．注重理解重要的概念

Visual Basic 6.0 程序设计语言本身并不复杂，基本组成无非就是变量、运算符、表达式、基本语句等概念，但需要深入理解这些概念。

4．养成良好的学习习惯

Visual Basic 6.0 程序设计入门并不难，在学习过程中，重要的是要养成良好的学习习惯。

5．自己动手编写程序

在程序设计入门阶段要经常动手编写程序，亲自动手进行程序设计是培养逻辑思维的好方法。因此，一定要多动手编写程序，而且要从小程序开发开始，逐渐提高开发程序的难度。

6．借鉴别人设计好的程序

多看别人设计好的程序代码，包括教材例题中的程序。在读懂别人的程序后，要思考为什么这么设计，有没有更好的设计方法？通过学习别人编写的优秀代码来提高自身水平。

7．抓住 Visual Basic 6.0 程序设计的学习重点

Visual Basic 6.0 程序设计的学习重点要放在思路、算法、编程构思和程序实现上。语句只是表达工具，只要能灵活应用即可。重要的是学会利用计算机程序分析问题和解决问题。

8．养成良好的编程习惯

要注意养成良好的编程习惯，良好的编程风格可以使程序结构清晰合理，利于代码维护。例如，强调可读性，变量要加注释；程序构思要有说明；学会如何调试程序；对运行结果要做正确与否的分析等。

9．学好 Visual Basic 6.0 程序设计的具体要求

（1）课前预习，认真听课并做笔记，课后要认真复习所学内容，完成作业。

（2）多编写程序，注重实践。程序设计课程是高强度的脑力劳动，只有自己动手，编写程序并进行调试至运行成功，才会有成就感，进而对课程产生兴趣；只有在编写了大量程序之后，才能运用自如。培养动手能力是这门课程和以往课程最大的区别。

（3）上机调试程序应注意的事项：上机前应认真规划实验题（包括窗体界面设计，事件代码的编写等）；每次上机后做总结，把没有搞清楚的问题记录下来，请教其他人；平时应多抽课余时间上机调试程序；注意系统的提示信息，遇到问题，多问几个"为什么"。

（4）保持良好的学习心态，要自信、自强、积极主动。

（5）学习上克服畏难情绪，树立学好程序设计的信心。

任务二　使用 Visual Basic 6.0 创建简单应用程序

了解 Visual Basic 6.0 的学习方法后，本任务要求使用 Visual Basic 6.0 创建简单的应用程序，共包括 5 个小任务：启动 Visual Basic 6.0 中文版应用程序、新建工程、设计应用程序界面、编写应用程序代码、运行调试并保存应用程序。

（一）启动 Visual Basic 6.0 中文版

首先启动 Visual Basic 6.0 中文版应用程序。

【操作步骤】

（1）单击任务栏上的 **开始** 按钮，执行"开始"→"程序"命令，将弹出下一级联菜单。

（2）把鼠标光标移到"Microsoft Visual Basic 6.0 中文版"上，弹出下一级菜单，即进入 Visual Basic 6.0 程序组。

（3）选择"Microsoft Visual Basic 6.0 中文版"命令，即可进入 Visual Basic 6.0 编程环境，如图 1-2 所示。

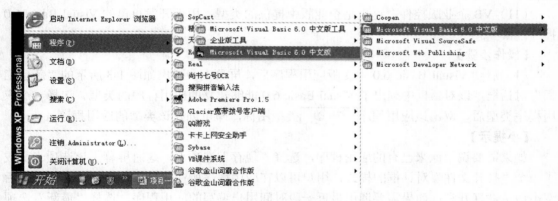

图 1-2　启动"Visual Basic 6.0 中文版"应用程序

（二）新建工程

启动 Visual Basic 6.0 中文版应用程序后，便可新建工程，创建应用程序。

【基础知识】

Visual Basic 6.0 共有 13 种应用程序的类型。

（1）标准 EXE 程序：标准 EXE 程序是典型的应用程序，通常用户创建的都是这种类型的应用程序，它最终可以生成一个可执行的应用程序。

（2）ActiveX EXE 和 ActiveX DLL 程序：ActiveX EXE 构件是支持 OLE 的自动化服务器程序，它可以在用户的应用程序中嵌入或链接进去。这两种类型的应用程序在编程时是一样的，只不过在编译时，ActiveX EXE 编译成可执行文件，ActiveX DLL 编译成动态链接库。

（3）ActiveX 控件：用于开发自己的 ActiveX 控件。

（4）VB 应用程序向导：可以帮助用户建立应用程序的框架，减轻用户在编程时的工作量。向导是一系列收集用户信息的对话框，用户填充所有对话框后，向导继续建立应用程序、安装软件或为最终用户进行某个自动化操作。

（5）VB 向导管理器：用户可以建立自己的向导。

（6）数据工程：这是企业版的特性，没有对应的新项目类型，与标准的 EXE 项目类型一致，但能将访问数据库的控件自动加入工具箱中，并将数据库 ActiveX 设计器加入项目浏览器对话框。

（7）IIS 应用程序：Visual Basic 6.0 中可以建立 Web 服务器上运行的应用程序，与网络上已安装 IIS 的客户机实现交互。

（8）外接程序：这一类型应用程序可以扩展 Visual Basic 6.0 集成环境的功能。

（9）ActiveX 文档 EXE 和 ActiveX 文档 DLL：ActiveX 文档实际上是可以在支持 Web 浏览器环境中运行的 Visual Basic 6.0 应用程序。同上文所述，两种 ActiveX 文档在编译时，ActiveX 文档 EXE 编译成可执行文件，ActiveX 文档 DLL 则编译成动态链接库。

（10）DHTML 应用程序：Visual Basic 6.0 中可以建立动态 HTML 页面，在客户机的浏览器对话框显示。

（11）VB 企业版控件：这也是企业版中提供的类型，用于开发自己的 Visual Basic 6.0 控件。

【操作步骤】

（1）启动 Visual Basic 6.0 中文版应用程序后，屏幕上会弹出如图 1-3 所示的"新建工程"对话框，该对话框中列出了 Visual Basic 6.0 能够建立的应用程序的类型。选择一个应用程序类型后，双击该应用程序 打开(O) 类型图标，即可创建该类型的应用程序。

【小提示】

如果需要调用原来已有的应用程序，选择"现存"选项卡，这时屏幕上该选项卡变成了一个"打开文件"对话框的样式，用户可以在应用程序所在的目录中找到该文件，然后双击该文件打开它；如果需要调用最近一段时间用户编写的应用程序，选择"最新"选项卡，该选项卡会列出用户最近编写的所有应用程序。

（2）在"新建工程"对话框中，选择"标准 EXE"后，单击 打开(O) 按钮，屏幕上会显示 Visual Basic 6.0 集成开发环境窗口，如图 1-4 所示。

【小提示】

从图 1-4 中可以看出，Visual Basic 6.0 的集成开发环境中有标题栏、菜单栏、工具箱、"窗体设计器"窗口、"工程管理器"窗口和"窗体布局"窗口等。

【知识链接】

Visual Basic 6.0 的菜单栏如图 1-5 所示。菜单栏显示了所有的 Visual Basic 6.0 命令，除了提供标准"文件"、"编辑"、"视图"、"窗口"和"帮助"菜单外，还提供了编程专用的功能菜单，如"工程"、"格式"、"运行"、"调试"等菜单。

图 1-3 "新建工程"对话框

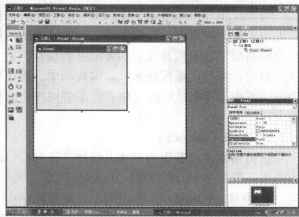

图 1-4 Visual Basic 6.0 集成开发环境窗口

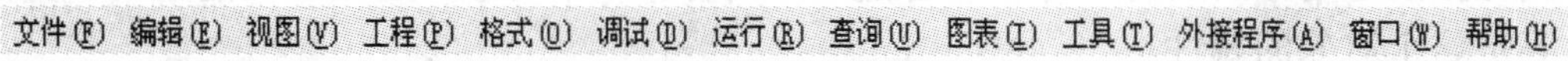

文件(F) 编辑(E) 视图(V) 工程(P) 格式(O) 调试(D) 运行(R) 查询(U) 图表(I) 工具(T) 外接程序(A) 窗口(W) 帮助(H)

图 1-5 菜单栏

Visual Basic 6.0 的菜单和其他 Windows 系统程序菜单一样，其默认的系统设定如下。

● 菜单项后面有组合键，例如"文件"菜单中的"新建工程"命令后面有"Ctrl+N"，这就说明该功能项有快捷键。使用方法是，按住【Ctrl】键的同时，再按下【N】键，便可激活该选项。

● 菜单项的右边有一个小黑箭头，表示该菜单项有子菜单。

● 菜单项的右边是省略号(…)，表示单击该菜单项后，会弹出一个对话框。

● 菜单项的颜色呈暗灰色，表示该菜单项现在不可用。

● 菜单项的左边有√，表示一个开关的作用，出现√表示该功能项正在使用中。

（三）设计应用程序界面

此任务要求制作如图 1-6 所示的应用程序界面。

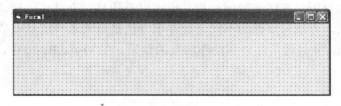

图 1-6 应用程序界面

【基础知识】

用传统的面向对象语言进行程序设计时，主要的工作就是编写程序代码，遵循"编程→调试→改错→运行"模式。在用 Visual Basic 6.0 开发应用程序时，打破了原有模式，使程序开发过程大为简化，且更容易掌握。

　　可视化编程技术可以把原来抽象的数字、表格、功能逻辑等用直观的图形、图像的形式表现出来。应用可视化编程技术，通过调用控件，设置控制对象属性，可以实时显示用户界面布局，并根据开发者的需要及时调整，大大缩短了应用程序界面的开发时间。

　　总之，可视化编程技术具有编程简单、程序代码自动生成、效率高的优点，因此，在当今的编程语言中被广泛采用。在了解可视化编程技术之前，首先需要了解如下一些基本概念。

1．对象（Object）

　　任何事物都可看作为对象，例如，计算机、鼠标。在 Visual Basic 6.0 中，对象主要分为两类：窗体(Form)和控件(Control)。

- 窗体（Form）：又称表单，在应用程序中表现为 Windows 对话框。
- 控件（Control）：在应用程序中表现为按钮、选项卡或对话框等。

2．属性（Property）

　　属性指的是对象所具有的特征，若把一个人看作一个对象，那么，人的姓名、身高、体重等是这个对象的属性。

　　在 Visual Basic 6.0 中，一个按钮有 "Caption"、"Name"、"Font" 等属性，可以通过设置对象的属性来改变其外观。修改对象属性的方法有以下两种。

（1）在对象属性对话框中找到相应的属性进行设置。

（2）在程序代码中通过编程设置。具体的设置方法为：

```
对象名.属性名=属性值
```

3．事件（Event）

　　事件是发生在对象上的动作。例如，"搬桌子"是一个事件，该事件是发生在"桌子"这个对象上的一个动作。在 Visual Basic 程序开发中，Load 则是发生在窗体 "Form" 上的一个事件。事件的发生是针对某些特定对象的，即某些事件只能发生在某些对象身上。对象只能识别一组预先定义好的事件，而且并非每个事件都会产生结果。一个事件发生后，必须在该事件对应的函数中编写相应的程序代码才能实现结果。

4．方法（Method）

　　方法是对象本身所具有的函数或过程，也可以看作是一个动作。通常，每个对象都具有自己特定的方法。方法与事件的不同之处在于方法是对象本身所具有的，而事件通常是发生在对象之上的，并且通常是外部动作触发的结果。在 Visual Basic 中，事件和方法分别表示如下。

事件：

```
Private Sub 对象名_事件名
    （事件响应代码）
End Sub
```

方法：

```
对象名.方法名
```

可视化编程技术在软件开发过程中，通过对直观的、具有一定含义的图标按钮、图形化对象直接进行操作，取代对界面抽象代码的编辑、运行和浏览等操作。在软件开发过程中，表现为通过单击按钮和拖放图形化的对象实现相关对象的属性设置和事件处理。可视化的编程方法易学易用，大大提高了编程效率。

Visual Basic 6.0 的对象已经被抽象为窗体和控件，因而程序设计过程大大简化。Visual Basic 6.0 的最大特点就是以较快的速度和效率开发具有良好界面的 Windows 应用程序。用 Visual Basic 6.0 开发应用程序需要以下 3 步：

（1）建立可视化用户界面；

（2）设置可视化界面特性；

（3）编写事件驱动代码。

【操作步骤】

（1）单击如图 1-6 所示的应用程序界面，在窗体的周围就会出现 8 个小方块，代表控件被选中，如图 1-7 所示。将鼠标光标移动到方块上，光标形状就会变成双箭头，表示可以改变窗体的大小，按住鼠标左键后拖动，将窗体调整到合适的大小后，松开鼠标左键即可。

（2）选中窗体，在"属性"窗口中选择"Font"属性，在"Font"属性值后有一个小按钮…，单击该按钮出现"字体"对话框，如图 1-8 所示。

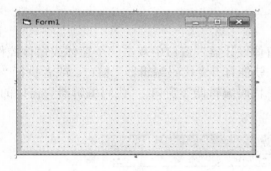

图 1-7 应用程序界面

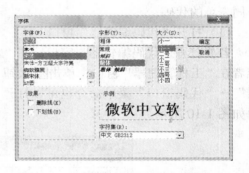

图 1-8 "字体"对话框

（3）在"字体"对话框中的"字体"列表中选择"楷体_GB2312"、在"字形"列表中选择"粗体"，在"大小"列表中选择"二号"字，然后单击【确定】按钮设置窗体文字属性。

【知识链接】

在 Visual Basic 6.0 编程中，每一个控件和窗体都有许多属性，这些属性直接控制所对应的窗体和控件的外观和特性。在"属性"窗口中列出了所选取对象的属性以及属性值，用户可以在设计时改变这些属性。当选取了多个控件时，"属性"窗口会列出所有控件共同具有的公共属性。

执行"视图"→"属性窗口"菜单命令，就可以打开"属性"窗口。"属性"窗口的界面如图 1-9 所示。

"属性"窗口主要由以下几部分组成。

图 1-9 "属性"窗口

（1）"对象"框：列出当前所选的对象，但只能列出当前窗体中的对象。如果选取了多个对象，则会以第 1 个对象为准，列出各对象具有的公共属性。

（2）"属性"列表：列出所选对象的属性及属性值。其中，"按字母序"选项卡以按字母顺序列出所选对象的所有属性，"按分类序"选项卡以根据性质列出所选对象的所有属性。同类型的属性被归为一类，用类似于文件管理的方式管理。若要改变已设定好的属性，可以选择属性名，然后输入或直接选取新的设定。

【小提示】

"属性"窗口最下方显示属性类型及该属性的简短描述。在"属性"窗口最下方单击鼠标右键，选择快捷菜单中的"描述"命令，可以打开或关闭属性的简短描述。

（四）编写应用程序代码

此任务为编写应用程序"欢迎来到 Visual Basic 6.0 的世界！"的可执行代码。

【基础知识】

在 Visual Basic 6.0 的编程中，所有的代码都是在"代码编辑器"窗口中编写的。"代码编辑器"窗口实际上就是个文本编辑器，它可以用来编写、显示和编辑表单、事件和方法程序的代码，可以打开任意多个"代码编辑器"窗口，从而方便地查看、复制和粘贴来自不同表单的代码。

（1）打开"代码编辑器"窗口

若要打开"代码编辑器"窗口，在"窗体设计器"窗口中双击一个窗体或窗体控件，或者在"工程管理器"窗口中单击 按钮，就能打开"代码编辑器"窗口。或者执行"视图"→"代码窗口"菜单命令也可以打开"代码编辑器"窗口。"代码编辑器"窗口的界面如图 1-10 所示。

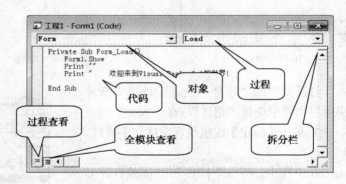

图 1-10　"代码编辑器"窗口（1）

（2）"代码编辑器"窗口的组成

"代码编辑器"窗口主要由以下几部分组成。

● "对象"列表框：显示所选对象的名称。可以按下拉列表框右边的箭头来显示此窗体中的对象。

● "过程/事件"列表框：列出所有对应于"对象"列表框中对象的事件，这些事件是按名称的字母顺序来排列的。当选择了一个事件，与事件名称相关的事件过程就会显示在代码对话框中。如果在"对象"列表框中显示的是"通用"，则"过程"列表框会列出所有声明以及为此窗体所创建的常规过程。如果正在编写模块中的代码，则"过程"列表框会列出所有模块中的常规过程。在上述两个实例中，在"过程"框中所选的过程都会显示在"代码编辑器"窗口中。

- "拆分栏"：将"拆分栏"向下拖放，可以将"代码编辑器"窗口分隔成两个水平窗格，二者都具有滚动条，可以在同一时间查看代码中的不同部分。显示在"对象"列表框以及"过程/事件"列表框中的信息，是以当前拥有焦点的窗格之内的代码为准。将"拆分栏"拖到对话框的顶部或下端，或者双击"折分栏"，可以关闭一个窗格。
- "过程查看"按钮：显示所选的过程，同一时间只能在"代码编辑器"窗口中显示一个过程。
- "全模块查看"按钮：显示模块中的全部代码。

【操作步骤】

（1）在文本显示器主窗体中双击窗体，屏幕上会出现"代码编辑器"窗口，并且鼠标光标在窗口的加载事件内跳动，如图 1-11 所示。

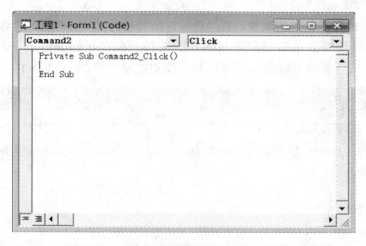

图 1-11　"代码编辑器"窗口（2）

【小提示】

Visual Basic 6.0 采用面向对象的、可视化的、基于事件驱动的编程机制，大部分的代码都是和对象的事件相关联的，事件可以认为是外界对象的激发，例如，用户单击一个按钮，这时就出现了一个单击事件（Click）；如果是双击按钮，就出现了一个双击事件（DblClick）。当激发了一个事件后，调用执行相应事件的代码，对所针对的对象就会产生相应的操作。Visual Basic 6.0 程序基本是采用这种事件触发的机制，而不是 DOS 那种流程机制，但是在每个程序段内还是流程机制。

（2）在鼠标光标跳动的地方，即对话框的加载事件内，编写如下代码：

```
Private Sub Form_Load()
    Form1.Show
    Print ""
    Print "      欢迎来到 Visual Basic 6.0 的世界!      "
End Sub
```

【小提示】

事件过程的首尾两行是系统自动给出的代码，不必重复输入。

```
Private Sub Form_Load()

End Sub
```

【知识链接】

"代码编辑器"窗口是用来编辑代码的。在 Visual Basic 6.0 集成环境中提供了非常方便的编程信息帮助用户完成编码工作，尽量减少编码时因为函数的结构或者某一个常数写错而导致编译不通过。下面通过一个例子来说明如何利用这些帮助信息。

假设要编写一个函数：

```
a=InputBox（"请输入一个数","输入",1)
```

这是一个用来提示输入的函数，若用户对它的使用方法还不熟悉，也没有关系，Visual Basic 6.0 的集成环境会帮助用户完成函数的编写。在"代码编辑器"窗口中首先输入"a=InputBox"，这时屏幕上就会出现该函数的提示信息，如图 1-12 所示。

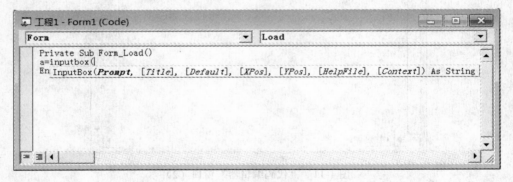

图 1-12　快速信息提示

该提示信息显示了用户所写函数的结构、参数的类型等，用户可以根据这些提示信息编写代码。当前参数是用黑体显示的，写完一个参数后，下一个参数会自动变成黑体。

在 Visual Basic 6.0 编程中，每一个控件和窗体都有许多属性、方法和事件。这些属性和方法很多，时常会忘记或者混淆，而利用 Visual Basic 6.0 提供的"属性/方法"列表就可以非常方便地解决这个问题。

用户在编写程序时，如果要用到某个控件的属性或方法，只需要先写出该控件的名称和点操作符，这时屏幕上就会出现一个"属性/方法"列表，如图 1-13 所示。用户可以在该列表上选择一个属性或方法，然后双击它或按【Enter】键即可。

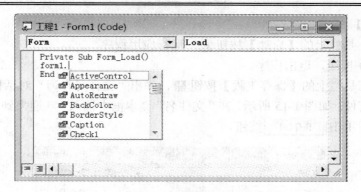

图 1-13 "属性/方法"列表

（五）运行、调试并保存应用程序

运行、调试并保存"欢迎来到 Visual Basic 6.0 的世界！"应用程序。

【基础知识】

编写程序时，出现错误是一件很正常的事，但是出现了错误，必须找出错误的原因，以便改正错误。为了及时发现错误，有必要先知道程序是在何种模式下工作。Visual Basic 6.0 为用户提供了设计、运行、中断 3 种工作模式，以方便用户进行程序的维护和发现程序中的错误。程序处于设计模式下，可以进行设计工作，完成窗体的设计和程序代码的编写；程序处于运行模式下，只能查看程序运行的结果以及程序代码，不能修改程序代码；程序处于中断模式下，应用程序暂时被停止，用户可以在程序暂停的时间里调试并修改程序。

编写程序时，错误可以说是千差万别、各不相同。有些错误是由于用户执行了非法的操作所造成的，而有些错误是由于逻辑上的错误所造成的；有些错误很容易被发现，而有些错误却很隐蔽，不易被发现。在 Visual Basic 6.0 中，错误被分为编译错误、实时错误和逻辑错误 3 大类。

编译错误主要是由于用户没有按语法要求编写代码所造成的，例如，将变量或关键字写错了，漏写一些标点符号，或者是少写了配对语句等都会造成这类错误的产生。这类错误一般出现在程序的设计或编译阶段，并且很容易被监测到。例如，在某个事件中，添加了如下语句：

    A=

然后按【Enter】键换行，这时便会弹出如图 1-14 所示的对话框，提示用户出现编译错误。

实时错误一般在运行的过程中才会出现，主要是由于运行到不可执行的操作而引起的。

逻辑错误是最难被发现的错误。如果一个应用程序本身没有编译错误，并且在运行过程中也没有出现实时错误，但运行后所得到的结果是错误的，通常这种情况都是由于逻辑错误所造成的。这类错误的查除最为麻烦，需要积累一定的经验，并且还要对运行结果进行分析才能够发现。

图 1-14 编译错误提示对话框

【操作步骤】

（1）单击工具栏上的【启动】按钮▶，运行应用程序。

（2）单击■按钮，退出程序。

（3）单击工具栏上的【保存工程】按钮🖫，弹出"文件另存为"对话框，要求用户保存当前的窗体文件，如图 1-15 所示。在"文件名"文本框中输入"欢迎来到 Visual Basic 6.0 的世界！"，然后单击 保存(S) 按钮。

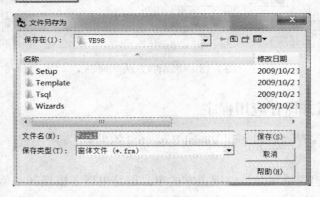

图 1-15　"文件另存为"对话框

（4）在保存窗体文件后，集成环境会提示用户保存工程文件，按照上一步的操作，将新建的工程保存为名为"欢迎来到 Visual Basic 6.0 的世界！"的工程文件。

【知识链接】

如果工程中有错误，就会弹出如图 1-16 所示的错误提示对话框。单击 确定 按钮，回到代码编辑界面，出错的地方会用蓝色高亮度显示，可根据提示修改代码。系统会继续在运行中检查直到能正常运行为止。

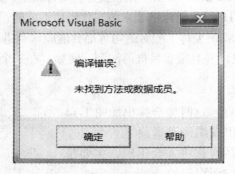

图 1-16　错误提示对话框

项目实训　开发"Hello Visual Basic 6.0"应用程序

完成项目一的各个任务后，就能初步掌握使用 Visual Basic 6.0 编写应用程序的基本过程。以下进行实训练习，对项目一的内容加以巩固和提高。

利用 Visual Basic 6.0 开发一个"Hello Visual Basic 6.0"应用程序，即运行应用程序，出现"Hello Visual Basic 6.0"字符，其运行界面如图 1-17 所示。

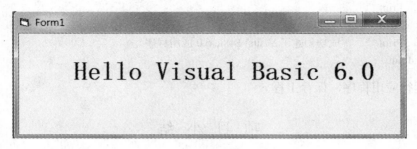

图 1-17 "Hello Visual Basic 6.0" 运行界面

【操作步骤】

（1）新建一个工程，将工程命名为"Hello Visual Basic 6.0"并保存在文件夹中。

（2）参考任务二中第 3 个小任务的操作步骤，设置应用程序界面的"字体"属性，参照图 1-8。

（3）编写应用程序代码。

```
Private Sub Form_Load()
        Print "        Hello Visual Basic 6.0        "
End Sub
```

（4）运行应用程序，保存工程。

项目拓展 开发"祝贺你！"应用程序

利用 Visual Basic 6.0 开发一个"祝贺你！"应用程序，运行界面如图 1-18 所示。

图 1-18 "祝贺你！"运行界面

【操作步骤】

（1）新建一个工程，将工程命名为"祝贺你！"并保存在文件夹中。

（2）参考任务二中第 3 个小任务的操作步骤，设置应用程序界面的"字体"属性为"楷体__GB2312"、"粗体"、"二号"字。

（3）编写应用程序代码。

```
Private Sub Form_Load()
    Form1.Show
    Print ""
    Print "                          祝贺你!              "
    Print "        成功创建了 Visual Basic 6.0 应用程序^_^            "
End Sub
```

（4）运行应用程序，保存工程。

项 目 小 结

本项目首先给出了学习 Visual Basic 6.0 的基本方法。之后通过一个简单应用程序的编写，介绍了面向对象编程技术及相关概念，如对象、事件、方法等，让读者了解创建应用程序，进行程序界面设计以及编写代码的方法，使读者对 Visual Basic 6.0 编程过程和事件驱动的编程机制有了初步了解。在后续项目中将详细介绍 Visual Basic 6.0 编程的特点和方法。

思考与练习

一、选择题

1. Visual Basic 6.0 开发工具的特点是（　　　）。

    A．面向对象　　　　B．可视化事件　　C．基于事件驱动的　　D．全制动

2. 可视化开发的特点是（　　　）。

    A．可利用图标创建对象　　　　　　　B．在开发过程中就能见到开发的部分成果

    C．开发工作对用户是透明的　　　　　D．所见即所得

    E．根据程序流程图开发

3. 为同一窗体内的某个对象设置属性,所用 Visual Basic 6.0 语句的一般格式是（　　　）。

    A．属性名=属性值　　　　　　　　　B．对象名．属性值=属性名

    C．Set 属性名=属性值　　　　　　　D．对象名．属性名=属性值

4. Visual Basic 6.0 的"工程管理器"可管理多种类型的文件，下面叙述中不正确的是（　　　）。

    A．窗体文件的扩展名为.frm，每个窗体对应一个窗体文件

    B．标准模块是一个纯代码性质的文件，它不属于任何一个窗体

    C．用户通过类模块来定义自己的类，每个类都用一个文件来保存，其扩展名为.bas

    D．资源文件是一种纯文本文件，可以用简单的文字编辑器来编辑

5. 在设计阶段，当双击窗体时，所打开的窗口是（　　　）。

    A．"工程管理器"窗口　　　　　　　B．工具箱

    C．"代码编辑器"窗口　　　　　　　D．"属性"窗口

6．工程文件的扩展名是（　　　）。

  A．vbg   B．vbp   C．vbw   D．vbl

二、填空题

1．Visual Basic 6.0 是一种面向_____的可视化编程语言，采用了事件驱动的编程机制。

2．在打开 Visual Basic 6.0 集成开发环境时，可以看到 13 种应用程序类型，它们分别是_____。

3．事件的过程名由_____和事件名组成，中间用下画线连接。

4．菜单项的右边有一个小黑箭头，表示_____；菜单项的颜色呈暗灰色，表示该菜单项_____。

5．编写 Visual Basic 程序代码需要在_____窗口进行。

6．在"代码编辑器"窗口中主要由_____、_____、_____、_____和_____组成。

三、编程题

利用 Visual Basic 6.0 开发一个"好好学习，天天向上！"的应用程序，运行界面如图 1-19 所示。

图 1-19 应用程序运行界面

项目二　掌握 Visual Basic 6.0 编程基础

Visual Basic 6.0 是在 Basic，GW-Basic，Quick Basic 等语言的基础上发展起来的。它既保留了 Basic 语言的基本数据类型、语法等，也对其中的某些语句和函数的功能做了修改或扩展，根据可视化编程技术的要求增加了一些新的功能。

【项目要求】本项目主要是让读者掌握 Visual Basic 6.0 编程基础，为后面的学习打下基础。

【学习目标】
- ✧ 掌握编程语言中的数据类型
- ✧ 掌握变量的概念及使用
- ✧ 掌握常量的概念及使用
- ✧ 掌握编程中的表达式及其运算符
- ✧ 掌握数据输出的使用
- ✧ 熟悉常用内部函数的使用

任务一　熟悉 Visual Basic 6.0 的数据类型

数据是程序的必要组成部分，也是程序处理的对象。在高级语言中，广泛使用数据类型这一基本概念。Visual Basic 6.0 也提供了系统定义的基本数据类型，并且允许用户根据自己的需要自定义数据类型。限于篇幅，在本书中仅介绍系统数据类型，对于自定义数据类型，有兴趣的读者可参考相关书籍。

数据类型不同，所占的存储空间也不一样，选择使用合适的数据类型，不仅可以优化代码，而且可以防止数据溢出。数据类型不同，对其进行处理的方法也不同，这就需要进行数据类型的说明或定义。只有相同（或兼容）数据类型的数据之间才能进行操作，不然在程序运行时会出现错误。

（一）数值型数据

Visual Basic 6.0 中常用的数值型数据(Numeric)有整型数和浮点数。其中，整型数又分为整数和长整数，浮点数又分为单精度浮点数和双精度浮点数。

1. 整型数

整型数是不带小数点和指数符号的数，可以是正整数、负整数或者 0。

（1）整数（Integer）：整数是由 2 个字节（1 个字节占 8 位二进制码）的二进制数来存储并参加运算的。整数的范围为-32768～+32767，例如 254、5478、-23、0 等。

（2）长整型数(Long)：长整型数也是一个整型数，它表示的范围更大，在计算机中存储时占用 4 个字节（32 位）。在 Visual Basic 6.0 中，长整型数中的正号可以省略，并且在数值中不能出现逗号（分节符）。

2．浮点数

浮点数也称实型数或实数，是含有小数部分的数。分为单精度浮点数和双精度浮点数。

（1）单精度浮点数(Single)：一个单精度浮点数要用 4 个字节（32 位）的二进制数存储，其中符号位占 1 位，尾数位占 23 位，指数位占 8 位，可以表示最多 7 位有效数字的数。小数点可以位于这些数字中的任何位置，正号可以省略。

（2）双精度浮点数(Double)：一个双精度浮点数要用 8 个字节（64 位）的二进制数存储，其中符号位占 1 位，尾数位占 52 位，指数位占 11 位，可以表示最多 15 位有效数字的数。小数点可以位于这些数字中的任何位置，正号可以省略。

浮点数可采用定点形式或浮点形式来表示，定点形式是在该范围内含有小数的数，例如：

−2.6，+25.45，0.000012，−6454.45	单精度浮点数
−12.123456478456，0.9876546653，100000.245	双精度浮点数

浮点形式采用的是科学计数法，它由符号、尾数和指数 3 部分组成。单精度浮点数和双精度浮点数的指数分别用 "E"（或 "e"）和 "D"（或 "d"）来表示。例如：

568.721E+4 或 568.721e4	单精度浮点数，相当于 568.721 乘以 10 的 4 次幂
568.72189D4 或 568.72189d+4	双精度浮点数，相当于 568.72189 乘以 10 的 4 次幂

在上面的例子中，568.721 和 568.72189 是尾数部分，E+4，e4，D4 及 d+4 是指数部分。

（二）字符型数据

字符型数据（String）是一个字符排列，由 ASCII 字符组成，包括标准 ASCII 字符和扩展 ASCII 字符。

在 Visual Basic 6.0 中，字符串是放在双引号里面的，其中 1 个西文字符占 1 个字节，1 个汉字或者全角字符占两个字节。长度为 0（不含任何字符）的字符串称为空串。

Visual Basic 6.0 中包括两种类型的字符串：变长字符串和定长字符串。

1．变长字符串

变长字符串是指字符串的长度是不固定、可变化的，可以变大也可以变小。默认情况下，如果一个字符串没有定义成固定的长度，那么它属于变长字符串。变长字符串可以存储的内容包括 "Hello，World"、"2+3 -"、"型号"、"800-143-546-987" 等。

2．定长字符串

定长字符串是指在程序的执行过程中，字符长度保持不变的字符串。例如，声明了长度的字符串，假设字符串长度为 8 位，在这样的情况下，如果字符数不足 8 个，余下的字符位置将被空格填满；如果超过 8 个，超出的部分将被舍弃。

其长度用类型名加上 1 个星号和常数指明，语法结构为：

```
String*常数
```

这里的 "常数" 是字符个数，它指定定长字符串的长度。

（三）布尔型数据

布尔型数据(Boolean)是一个逻辑值，1 个布尔型数据要用两个字节（16 位）的二进制数存储，它只有两个值：True 或 False，也就是"真"或"假"。

数值型数据向布尔型数据转换时，0 为 False，非 0 值为 True。

布尔型数据转换到数值型数据时，True 为-1 或 1，False 为 0。

（四）变体型数据

变体型数据(Variant)是一种可变的数据类型，可以存放任何类型的数据，因此，变体型数据是 Visual Basic 6.0 中用途最广、最灵活的一种变量类型。

程序中没有说明时，Visual Basic 6.0 会自动将该变量默认为变体型变量，例如：

```
a="6"
a=6-2
a="D"&a
```

以上介绍了 Visual Basic 6.0 中的基本数据类型。表 2-1 列出了这些数据类型的名称、存储空间和取值范围。

表 2-1　Visual Basic 6.0 基本数据类型

数 据 类 型	存 储 空 间	取 值 范 围
Integer（整型）	2 字节	-32768～32767
Long（长整型）	4 字节	-2147483648～2147483647
Single（单精度）	4 字节	负数的取值范围为-3.402823E+38～-1.401298E-45 正数的取值范围为 1.401298E-45～3.402823E+38
Double（双精度）	8 字节	负数的取值范围为-1.79769313486232D+308～-4.9406564584127D-324 正数的取值范围为 4.940654584127D-324～1.79769313486232D+308
Boolean（布尔型）	2 字节	True 或 False
Byte（字节型）	1 字节	CHR (0)～CHR (255)
String（变长字符串）	10 字节加字符串长度	0 到大约 21 亿
String（定长字符串）	字符串长度	0～65535
Variant（数字）	16 字节	任何数字值，最大可达到 Double 的范围
Variant（字符）	22 字节加字符串长度	与变长字符串有相同的范围

任务二 掌握 Visual Basic 6.0 的变量

变量是指在程序运行过程中随时可以发生变化的量，是任何一门高级语言所必须具有的过程传递的参数。变量有一个名字和特定的数据类型，在内存中占有一定的存储单元。在存储单元中存放变量值，要注意变量名和变量的值是两个不同的概念。

当在窗体中设计用户界面时，Visual Basic 6.0 会自动为产生的对象（包括窗体本身）创建一组变量，即属性变量，并为每个变量设置其默认值。这类变量可供直接使用，例如，引用它或给它赋值。用户也可以创建自己的变量，以便存放程序执行过程中的临时数据或结果数据等。

（一）变量命名规则和注意事项

在 Visual Basic 6.0 中变量的命名是有一定规则的，这些规则指出了用户变量和其他语言要素之间的区别，具体如下。

（1）一个变量名的长度不能超过 255 个字符。

（2）变量名的第 1 个字符必须是字母 A～Z，第 1 个字母可以大写，也可以小写，其余的字符可以由字母、数字和下画线组成。

（3）Visual Basic 6.0 中的保留字不能用做变量名，保留字包括 Visual Basic 6.0 的属性、事件、方法、过程、函数等系统内部的标识符。

根据上面的规则，class，my_var，sum 是合法的变量名，而 Elton. D. John，#9，8abc 等是不合法的变量名。如果用户定义并且使用了这些非法变量，那么在程序编译时就会出错。

在 Visual Basic 6.0 中，变量名是不区分大小写的，也就是说如果有两个变量 abc 和 ABC，那么这两个变量是相同的。例如，如果有下面几条语句，系统会认为它们是相同的。

```
Abc=1；
abc=1；
ABC=1。
```

定义和使用变量时，通常要把变量名定义为容易使用和能够描述所含数据用处的名称。建议不要使用一些没有具体意义的字母缩写，如 A，C2 等。例如，编写学生管理程序时，定义 student_No 代表学号，student_Score 代表成绩，这样定义易于用户理解程序和改正错误。Visual Basic 6.0 是 32 位的开发工具，因此变量名长度可以支持到 255 个字符，这对于用户编程是非常重要的。因为在开发大型的系统时，变量会非常多，如果变量名长度不够长，就很可能出现重名的情况。

（二）变量的类型和定义

在使用变量之前，很多语言需要首先声明变量。也就是说，必须事先告诉编译器在程序中使用哪些变量、变量的数据类型以及变量的长度。因为在编译程序执行代码之前，编译器需要知道如何给变量开辟存储区，这样可以优化程序的执行。

在程序中使用的任何变量都有其数据类型，其中包括基本数据类型和用户自定义的数据类型。Visual Basic 6.0 中，可以用下面两种方法来规定变量的数据类型。

● 用类型说明符标识变量

类型说明符放在变量名的尾部，可以标识不同的变量类型，这些类型说明符分别为：

%	整型
&	长整型
!	单精度浮点数
#	双精度浮点数
$	字符串型

● 在定义变量时指定其类型

在定义变量时指定其类型，可以用下面的语法结构：

> Declare　　变量名　As　类型名

其中，"Declare" 可以是 Dim，Static，Public 或 Private 中的任何一个；"As" 是关键字；"类型名" 可以是数据的基本类型或用户自定义的类型。

（1）Dim 语句

其语法结构为：

> Dim　<变量名>　[As　<数据类型>]

用于在标准模块、窗体模块或过程中定义变量或数组。当定义的变量要用于窗体时，"代码编辑器" 窗口中的 "对象" 列表框应为 "通用"，"过程" 列表框应为 "声明"。例如：

> Dim　Var1　As　integer　　（把 Var1 定义为整型变量）
> Dim　Total　As　Double　　（把 Total 定义为双精度型变量）

用一个 Dim 可以定义多个变量，例如：

> Dim　Var1　As　String , Var2　As　Integer

把 Var1 和 Var2 分别定义为字符串和整型变量。

【小提示】

当在一个 Dim 语句中定义多个变量时，每个变量都要使用 As 子句声明其类型，否则该变量被定义为变体类型变量。例如，如果上面的例子改为 Dim　Var1 , Var2　As　Integer，则 Var1 将被定义为变体型变量，Var2 被定义为整型变量。

默认情况下，每个数据类型都有一定的默认长度。对于字符串变量，用 As String 可以定义变长字符串变量，也可以定义定长字符串变量。变长字符串变量的长度取决于赋给它的字符串常量的长度，定长字符串的长度通过加上 "*数值" 来确定。例如：

> Dim　student_name　As　String*20

其中，"20" 代表变量字符串的长度。定义了变量之后，当编译器发现 Dim 语句时，就会根据语句定义生成新的变量，即在内存中保留一定空间并为其取名，当后面用到这个变量时就会利用这个内存区来读取或者设置变量的值。

如果只是 Dim　A，在这种情况下，没有指定变量的类型，那么变量 A 为变体型。

当用 Static，Public 或 Private 定义变量时，情况与 Dim 完全一样。

（2）Private 语句

其语法结构为：

> Private <变量名> [As <数据类型>]

用于在模块和窗体中声明只在本模块或窗体中起作用的变量。

（3）Public 语句

其语法结构为：

> Public <变量名> [As <数据类型>]

用于在标准模块中定义全局变量和数组。例如：

> Public Total As Double

（4）Static 语句

其语法结构为：

> Static <变量名> [As <数据类型>]

用于在过程中定义静态变量及数组。

前面介绍过可以用 Dim 语句来声明过程级局部变量，这种局部变量在每次过程调用结束时消失；但是有时用户会希望过程中的某个变量的值一直存在，这就需要用静态变量。静态变量用 Static 声明，例如：

> Static I As integer

声明了静态变量之后，每次过程调用结束时系统就会保存该变量的变量值。在下一次调用该过程时，该变量的值仍然存在。例如，在窗体设计器中加入一个命令按钮，在按钮的单击事件中加入下面的代码，使用 Static 来声明变量 "n"，每次调用该过程时就会形成一个计数的功能。运行该程序后，用户每单击 1 次命令按钮，"n" 的数值就加 1。

```
Private Sub Cmd1_Click()
    Static  n  As  integer
    n=n+1
End  Sub
```

（三）变量的作用范围

在 Visual Basic 6.0 中声明变量时，说明部分的放置位置决定了变量只能在程序中的某一部分有效。变量对于程序的可识别程度称为变量的作用范围。

Visual Basic 6.0 应用程序由 3 种模块组成，即窗体模块、标准模块和类模块，如图 2-1 所示。其中窗体模块包括声明部分、通用过程和事件过程，标准模块由声明部分和通用过程组成。

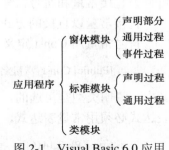

图 2-1 Visual Basic 6.0 应用
程序的结构

根据变量的定义位置和所使用的变量定义语句的不同，Visual Basic 6.0 中的变量可以分为 3 类：局部变量、模块变量和全局变量。其中模块变量包括窗体模块变量和标准模块变量。

（1）全局变量：在标准模块的声明部分，用 Public 声明的变量就是全局变量，程序中的任何窗体和模块都能访问它。

（2）局部变量：在过程和函数中用 Dim 或 Static 等声明的变量只在定义它的过程和函数中有效。

（3）模块或窗体变量：在模块和窗体中用 Dim 或 Private 等声明的变量只在本模块或窗体中起作用，这样的变量叫模块或窗体变量。

（四）同名变量

若在不同模块中的公用变量使用同一名字，则通过同时引用模块名和变量名就可以在代码中区分它们。例如，如果在窗体模块（Forml）和通用模块（Modulel）中都声明了公用整型变量 "i"，那么引用时只需要用 "Forml.i" 和 "Modulel.i" 分别引用它们就可以得到正确的结果。如果在标准模块中的变量没有同名的变量，就可以省略前面的模块名只引用 "i"。

不同的作用范围内也可以有同名的变量。例如，名为 "T" 的公用变量，在过程中声明名为同名局部变量。在过程内通过引用名字 "T" 来访问局部变量，通过模块名加上点操作符和变量名可以访问公用变量，如 "Forml.T"；在过程外则通过引用名字 "T" 来访问公用变量，但不能访问局部变量。

一般来说，当变量名称相同而范围不同时，局部变量优先被访问，模块变量可以通过引用关系进行访问。

虽然同名变量的处理并不十分复杂，但是这样很可能会带来麻烦，而且可能会导致难以查找的错误。因此，对不同的变量使用不同的名称才是良好的编程习惯。

任务三　掌握 Visual Basic 6.0 的常量

常量是在整个程序中事先设置的、值不会改变的数据。一般对于程序中使用的常数，能够用常量表示的尽量用常量表示，这样可以用有意义的符号来标识数据，增强程序的可读性；而且如果要一次性全部改动程序中存在的某个常数时，不需要在程序中通过查找来进行修改，只改变与这个常数对应的常量的值即可，这样做增强了程序的可维护性。常量可分为直接常量和符号常量。

直接常量以直接的方式给出数据，例如，123、"abc"、true 等。

符号常量用 Const 定义，其语法结构如下：

```
[Public] Const 常量名 [As 类型名]=表达式
```

其中，说明类型是可选的，当省略说明常量类型时，常量类型由它的值决定。等号后面的表达式必须用常量表达式，不能包含变量。例如：

```
Const PI=3.1416
```

上面这行语句就定义了一个代表圆周率的常量，它的数据类型是浮点型的，在之后用到圆周率时，就可以用常量 "PI" 来代替。例如，要计算圆的面积，可用如下的代码：

```
S=PI*R^2
```

其中，"S" 和 "R" 分别是存放面积和半径的变量。程序执行到此处时，自动将常量 "PI" 换成 3.1416，因此，对常量的处理要比变量快一些。使用常量还有一个好处，就是当以后要改变 "PI" 的精度时，如把它改成 3.1415926，只需要在定义 "PI" 处改变一下数值即可；而如果直接使用数值 3.1415，该数出现了多少次，就要改动多少次，这样不仅麻烦还极易出错。

同变量一样，常量的作用域也可以分为 3 种：局部常量、模块级窗体常量以及全局常量。局部常量必须在过程或函数内部定义，模块级常量是在某个模块的 "声明" 部分定义的，它们都使用 Const 关键字，只是定义的位置不同而已。全局常量则是在标准模块的 "声明" 部分定义的，而且需要在 Const 前面加上 Public 关键字。

定义常量时，在表达式中还可以包含已经定义过的常量，现举例如下：

```
Const PI=3.1416
Const R=2
Const S=PI*R^2
```

在此例中，定义常量 "S" 时，其中包含了已经定义过的常量 "PI" 和 "R"。

需要注意的是，常量的值在定义之后，就再也不能在程序中改变，如果试图给常量赋值将会发生错误。

常量的其他一些性质类似于变量，例如，符号常量的命名规则、常量的数据类型等。

任务四　编写圆周长和面积计算器应用程序

编写一个圆周长和面积计算器应用程序，主要是完成简单的变量和常量的定义，赋值语句的使用，并使用简单运算符计算表达式的值，实现简单的圆周长和面积的计算功能。其界面如图 2-2 所示。

在 "半径 r" 文本框中输入半径的值，单击　计算　按钮，在 "周长" 文本框中显示圆周长的值，在 "面积" 文本框中显示圆面积的值，如图 2-3 所示。

图 2-2　圆周长和面积计算器

图 3-3　计算圆周长和面积

【操作步骤】

（1）新建 1 个工程，将工程命名为"圆周长和面积计算器"，并保存在文件夹中。

（2）设计应用程序界面，如图 2-2 所示。

（3）编写应用程序代码，其中 计算 按钮的单击事件中的代码为：

```
Private Sub Command1_Click()
    '定义变量
    Dim R As Double
    Dim L As Double
    Dim S As Double
    '定义常量
    Const PI = 3.1416
    '读取半径 r 的值
    r = Text1.Text
    '计算圆周长和面积
    L = 2 * PI * r
    S = PI * R * r
    '输出圆周长和面积的值
    Text2.Text = L
    Text3.Text = S
End Sub
```

（4）运行应用程序，并执行相关操作。

（5）保存工程。

任务五　编写数据输出应用程序

本任务主要是完成程序代码的编写，掌握 Print 语句的各种用法，其运行界面如图 2-4 所示。单击 输出 按钮，将会出现各种数据的输出结果，如图 2-5 所示。

图 2-4　"数据输出"运行界面

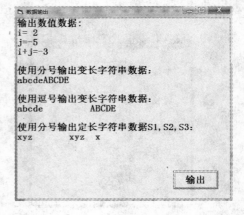

图 2-5　数据输出

【基础知识】

在早期的 Basic 语言中，数据的输出主要通过 Print 语句来实现。Visual Basic 6.0 也用 Print 输出数据，但是将它作为方法使用的。Print 方法不仅可以用于窗体，而且可以用于其他的控件和对象。

Print 方法可以在窗体上输出文本或表达式的值，也可以在图形对象、打印机上输出信息。Print 方法使用的语法结构为：

[对象名称.] Print [表达式,|; 表达式...] [,|;]

（1）"对象名称"是可选项，可以是窗体（Form）、"立即"窗口(Debug)、图片框(PictureBox)或打印机(Printer)；若省略，则在当前窗体上输出。

（2）"表达式"可以是一个或多个表达式，可以是数值表达式，也可以是字符表达式。数值表达式将输出表达式的值；若是字符串，则照原样输出；若省略"表达式"，则输出一个空行。

（3）当 Print 方法输出多项时，各项之间以逗号、分号或空格隔开。

● 若以逗号隔开，表示是标准语法结构输出显示数据，即每项占一个标准位（14 格）。

● 若以分号隔开，表示是紧凑语法结构输出。当输出数值数据时，数值数据之前有一个符号位，数据之后有一个空格位；当输出字符数据时，字符数据之间紧密排列。

（4）Print 方法具有计算、输出双重功能，对于表达式先计算后输出其值。

（5）Print 方法末尾标点符号的用法如下。

● 末尾无标点，Print 方法执行完毕按【Enter】键换行，下一个 Print 方法在新的一行上输出。

● 末尾有逗号，Print 方法执行完毕不按【Enter】键换行，下一个 Print 方法在当前行的下一个标准位上输出。

● 末尾有分号，Print 方法执行完毕不按【Enter】键换行，下一个 Print 方法在当前行以紧凑语法结构输出。

【操作步骤】

（1）新建一个工程，将工程命名为"数据输出"，并保存在文件夹中。

（2）设计应用程序界面，如图 2-4 所示。

（3）编写应用程序代码， 输出 按钮单击事件中的代码为：

```
Private Sub Command1_Click()
    '定义变量
    Dim i As Integer, j As Integer          '定义整形变量
    Dim S As String                          '定义变长字符串
    Dim S1 As String * 10, S2 As String * 5, S3 As String * 1      '定义定长字符串

    i = 2:      j = -5
    Print "输出数值数据:"                   '输出字符串常量
    Print "i="; i                            '输出数值数据
    Print "j="; j
```

```
            Print "i+j="; i + j                      '输出计算表达式的值
            Print                                     '输出一个空行

            S = "abcde"
            Print "使用分号输出变长字符串数据: "
            Print S; "ABCDE"              '使用分号输出变长字符串变量和字符串常量
            Print
            Print "使用逗号输出变长字符串数据: "
            Print S, "ABCDE"              '使用逗号输出变长字符串变量和字符串常量
            Print

            S1 = "xyz": S2 = "xyz": S3 = "xyz"
            Print "使用分号输出定长字符串数据 S1,S2,S3: "
            Print S1; S2;                 '尾部加分号表示下一个变量输出不换行
            Print S3
        End Sub
```

（4）运行应用程序，并执行相关操作。

（5）保存工程。

任务六　掌握 Visual Basic 6.0 的运算符和表达式

运算（即操作）是对数据的加工。最基本的运算形式常常可以用一些简洁的符号来描述，这些符号称为运算符或操作符。被运算的对象即数据，称为运算量或操作数。由运算符和运算量组成的表达式描述了对哪些数据以何种顺序进行什么样的操作。运算量可以是常量，也可以是变量，还可以是函数。例如，2+3、a+b、Sin(x)、a=2、PI*r*r 等都是表达式。单个变量和常量也可以看成是表达式。

Visual Basic 6.0 提供了丰富的运算符，包括算术运算符、关系运算符、逻辑运算符以及字符串连接运算符，它们可以构成多种表达式。

（一）算术运算符

算术运算符是最常用的运算符，可以进行简单的算术运算。在 Visual Basic 6.0 中提供了 8 种算术运算符，表 2-2 按优先级从高到低的顺序列出了这些算术运算符。

表 2-2　Visual Basic 6.0 算术运算符

运算符名称	运　算　符	表达式例子
幂	^	A^2
取负	−	−A
乘法	*	A*B
浮点除法	/	A/B

运算符名称	运 算 符	表达式例子
整数除法	\	A\B
取余	Mod	A Mod B
加法	+	A+B
减法	−	A−B

在这 8 种算术运算符中，除负运算（−）是单目运算符（只有一个运算量）外，其他均为双目运算符（需要两个运算量）。

加(+)、减（−）、乘（*）、除(/)以及取负（−）几个运算符的含义和用法与数学中的基本相同，下面介绍其他几种运算符的含义和用法。

1．幂运算

幂运算(^)与数学运算中的指数运算类似，用来进行乘方和方根运算。例如，2^8 表示 2 的 8 次方，即为数学运算中的 2^8。下面是幂运算的几个例子：

10^3	10 的立方，即 10^3=1000
81^0.5	81 的平方根，即 $81^{1/2}$=9
10^−1	10 的倒数，即 $1÷10$=0.1

2．整数除法

整数除法运算符(\)进行整除运算，结果为整型值，因此表达式"5\3"的结果为 1。整除的操作数一般为整型数，其取值必须在−217483648.5～+2147483647.5 范围内。当其操作数为浮点型时，首先四舍五入为整型或长整型，然后进行整除运算。其运算结果被"截断"为整型数或长整型数，不进行四舍五入处理。例如：

```
a=5\3
b=21.81\3.4
```

其运算结果为：

```
a=1，b=7。
```

3．取余运算

取余运算符(Mod)，又称模运算，用来求余数，其结果为第 1 个操作数整除第 2 个操作数所得的余数。例如，5 Mod 3=2，即 5 整除 3，其余数为 2。

同整数的除法运算一样，取余运算符的操作数一般情况下也为整型数，它的取值范围为−2147483648.5～+2147483647.5。当其操作数为浮点型时，首先四舍五入为整型或长整型，然后进行取余运算。例如，21.81 Mod 3.4 的结果为 1。

（二）字符串连接符

字符串表达式是采用连接符将两个字符串常量、字符串变量、字符串函数连接起来的式子。连接符有两个"＆"和"＋"，其作用都是将两个字符串连接起来。表达式的运算结果是一个字符串。例如：

"计算机"&"网络"	结果是："计算机网络"	
"123"+"45"	结果是："12345"	

（三）关系运算符

关系运算符是用来对几个表达式的值进行比较运算的，也称比较运算符。其比较的结果是一个逻辑值，即真(True)或假(False)。Visual Basic 6.0 中提供了 8 种关系运算符，如表 2-3 所示。

表 2-3　Visual Basic 6.0 关系运算符

运算符名称	运　算　符	表达式例子
相等	=	A=B
不相等	<>或><	A<>B 或 A><B
小于	<	A<B
大于	>	A>B
小于或等于	<=	A<=B
大于或等于	>=	A >= B
比较样式	Like	

用关系运算符连接的两个操作数或算术运算表达式组成的式子叫关系表达式。关系表达式的结果是一个逻辑值，即真（True）或假（False）。例如：

3>2	结果是 True 即-1
(A+B)<T/2(其中 A=1，B=2，T=4)	结果是 False 即 0

关系运算符既可以进行数值的比较，也可以进行字符串的比较。当进行字符串比较时，首先比较两个字符串的第 1 个字符，其中 ASCII 值较大的字符所在的字符串大。如果第 1 个字符相同，则比较第 2 个，依此类推。例如：

"abcdhijlsa">"aeabdf"	其结果为 False 即 0

【小提示】

在数学中判断 x 是否在区间[a，b]时，习惯上写成 a≤x≤b。但在 Visual Basic 6.0 中不能写成 a<=x<=b，应写成 a<=x And x<=b。"And" 是下面将要介绍的逻辑运算符 "与"。

（四）逻辑运算符

逻辑运算符，也称布尔运算符，用来连接两个或多个关系式，组成一个布尔表达式。在 Visual Basic 6.0 中有 6 种逻辑运算符，表 2-4 按优先级从高到低的顺序列出了这些逻辑运算符。

表2-4　逻辑运算符

运算符名称	运　算　符	表达式例子
非	Not	Not (A>B)
与	And	(A<B)And(2>3)
或	Or	(A<B) Or(2>3)
异或	Xor	(A<B)XOr(2>3)
等价	Eqr	(A<B) Eqr (2>3)
蕴含	Imp	(A<B) Imp (2>3)

6 种逻辑运算符中，除了非(Not)是单目运算符外，其他均为双目运算符。

1．非运算符

非运算符(Not)进行"取反"运算，即真变假或假变真。例如：

```
4>5              结果为 False 即 0
Not(4>5)         结果为 True 即-1
```

2．与运算符

与运算符(And)是对两个关系表达式的值进行比较运算，如果表达式的值均为 True，结果才为 True；否则为 False。例如：

```
(4>5)And(6>3)    其结果为 False 即 0
(4>5)And(6>8)    其结果为 False 即 0
```

3．或运算符

或运算符(Or)对两个关系表达式的值进行比较运算,如果其中一个表达式的值为 True，结果为 True；只有两个表达式的值都为 False 时，结果才为 False。例如：

```
(4>5) Or (6>3)   其结果为 True 即-1
(4>5) Or (6>8)   其结果为 False 即 0
```

4．异或运算符

用异或运算符(Xor)运算时，只有两个表达式的值同时为 True 或同时为 False 时，结果才为 False;否则为 True。例如：

```
(4>5) Xor (6>3)  其结果为 True 即-1
(4>5) Xor (6>8)  其结果为 False 即 0
```

5．等价运算符

用等价运算符(Eqr)运算时，只有两个表达式的值同时为 True 或同时为 False 时，结果才为 True；否则为 False。例如：

```
(4>5) Eqr (6>3)  其结果为 False 即 0
(4>5) Eqr (6>8)  其结果为 True 即-1
```

6．蕴含表达式

用蕴含表达式(Imp)运算时，只有第 1 个表达式的值为 True，且第 2 个表达式的值为 False 时，其结果才为 False;否则为 True。例如：

(4>5) Imp (6>3)	其结果为 True 即-1
(4>5) Imp (6>8)	其结果为 True 即-1
(8>5) Imp (6>3)	其结果为 True 即-1
(8>5) Imp (6>8)	其结果为 False 即 0

表 2-5 列出了 6 种逻辑运算符的运算值。

表 2-5　逻辑运算符的运算值

A	B	Not A	A And B	A Or B	A Xor B	A Eqr B	A Imp B
-1	-1	0	-1	-1	0	-1	-1
-1	0	0	0	-1	-1	0	0
0	-1	-1	0	-1	-1	0	-1
0	0	-1	0	0	0	-1	-1

任务七　编写多位数分位显示应用程序

编写一个"多位数分位显示"应用程序，其运行界面如图 2-6 所示。在文本框中输入一个 7 位数，例如输入"7654321"，单击 显示 按钮，在下面的小文本框中将会出现多位数的分位显示，如图 2-7 所示。

图 2-6　"多位数分位显示"运行界面

图 2-7　分位显示多位数

【操作步骤】

（1）新建一个工程，将工程命名为"多位数分位显示"，并保存在文件夹中。

（2）设计应用程序界面，如图 2-6 所示。

（3）编写应用程序代码，显示 按钮单击事件中的代码为：

```
Private Sub Command1_Click()
    Dim x As Long, a As Long, b As Long, c As Long, d As Long, _
    e As Integer, f As Integer, g As Integer
    x = Val(Text1.Text)
    Text2.Text = Str$(x \ 1000000)
    a = x Mod 1000000
    Text3.Text = Str$(a \ 100000)
    b = a Mod 100000
    Text4.Text = Str$(b \ 10000)
    c = b Mod 10000
    Text5.Text = Str$(c \ 1000)
```

```
        d = c Mod 1000
        Text6.Text = Str$(d \ 100)
        e = d Mod 100
        Text7.Text = Str$(e \ 10)
        f = e Mod 10
        Text8.Text = Str$(f)
    End Sub
```

（4）运行应用程序，并执行相关操作。

（5）保存工程。

【知识链接】

当一个表达式中有多个运算符时，计算机会按照一定的顺序对表达式求值，其运算顺序如下。

（1）进行括号内的运算。

（2）进行函数的运算。

（3）进行算术运算。算术运算的内部运算顺序由高到低为：幂(^)→取负（-）→乘（*）、浮点除法(/) →整数除法(\)→取余(Mod) →加(+)、减（-）。

（4）进行字符串连接运算（＆或+）。

（5）进行关系运算（=、>、<、<>或><、<=、>=）。

（6）进行逻辑运算，其内部顺序为非(Not)→与(And)→或(Or) →异或(Xor)→等价(Eqr)→蕴含(Imp)。

各种运算符的执行顺序如表 2-6 所示。

表 2-6 运算符执行顺序

算　术	连　接	比　较	逻　辑	优 先 级
幂(^)	字符串连接运算（＆或+）	相等(=)	非(Not)	
取负（-）		不等于（<>或><）	与(And)	高
乘(*)、浮点除法(/)		小于(<)	或(Or)	
整数除法(\)		大于(>)	异或(Xor)	
取余(Mod)		小于等于(<=)	等价(Eqr)	
加(+)、减（-）		大于等于(>=)	蕴含(Imp)	低
		Like		
		Is		

Visual Basic 6.0 中的表达式与数学表达式有类似的地方，但也有区别，在书写时应注意以下几点。

● 在一般情况下，不允许两个运算符相连，应当用括号隔开。

● 括号可以改变运算顺序。在表达式中只能用圆括号"()"，不能使用方括号"[ ]"或花括号"{}"。

● 乘号"*"不能省略，也不能用"."代替。

任务八　编写 Sin(x)和 Cos(x)函数计算器应用程序

编写一个"Sin(x)和 Cos(x)函数计算器"应用程序，其运行界面如图 2-8 所示。在文本框中输入函数自变量的值，例如，输入"60"，单击 计算 按钮，在相应的文本框中将分别出现其正弦函数值和余弦函数值，如图 2-9 所示。单击 清空 按钮，界面将恢复启动状态。

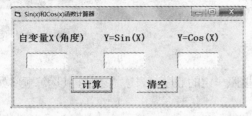
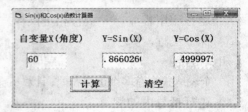

图 2-8　"Sin(x)和 Cos(x)函数计算器"运行界面　　　图 2-9　显示计算结果

【基础知识】

使用函数可以带来很大的方便。Visual Basic 6.0 提供了大量的内部函数，有如下两种方法使用函数。

● 如果需要使用返回值，其语法结构为：

　　　　变量名=函数名（参数列表）

● 如果不需要使用返回值，其语法结构为：

　　　　函数名　参数列表

所谓参数，就是在调用函数时交给函数处理的数据。所谓返回值，就是函数经过一系列运算后返回给调用者的值。

表 2-7 列出了 Visual Basic 6.0 中部分常用函数。

表 2-7　Visual Basic 6.0 中部分常用函数

类　别	函 数 名	作　　用
类型转换函数	Cint(x)	将 x 的值的小数部分四舍五入转换为整型
	CLng(x)	将 x 的值的小数部分四舍五入转换为长整型
	CSng(x)	将 x 的值转换为单精度浮点型
	CDbl(x)	将 x 的值转换为双精度浮点型
	CStr(x)	将 x 的值转换为字符型
	CBool(x)	将 x 的值转换为布尔型
	Cvar(x)	将 x 的值转换为变体型
	Val	将代表数值的字符串转换成数值型数据
	Str$	将数值型数据转换成代表数值的字符串
数学函数	Abs(x)	返回 x 的值的绝对值
	Sqr(x)	返回 x 的值的平方根
	Fix(x)	若 x 的值是正数，则返回该数的整数总数；若是负数，则返回一个不小于参数的最小整数

续表

类　别	函　数　名	作　用
数学函数	Int(x)	若 x 的值是正数，则返回该数的整数部分；若是负数，则返回一个不大于参数的最大整数
	Sgn(x)	返回 x 的符号，x 为正数时返回 1，x 为 0 时返回 0，x 为负数时返回-1
	Exp(x)	返回以 e 为底的 x 的指数值
	Log(x)	返回以 e 为底的 x 的对数值
	Sin(x)	返回 x 的正弦值
	Cos(x)	返回 x 的余弦值
	Tan(x)	返回 x 的正切值
	Atn(x)	返回 x 的余切值
	Rnd	返回一个 0～1 的单精度随机数

在 Visual Basic 6.0 中除了常用的一些字符转换函数和数学函数外，还提供了十分丰富的字符串处理函数。字符串函数是用来对字符串进行处理或操作的函数，主要有如下几种。

● Len：用来返回字符串的当前长度（即字符串中字符的个数）。例如，Len("Hello")、Len("Good")的值分别为 5 和 4。
● Left：从某字符串的左边截取子字符串，其语法结构为：Left(原字符串，截取长度)。该函数有两个参数，第 1 个是被截取的原字符串，第 2 个是截取的字符个数。例如，Left("Hello",2)是从字符串"Hello"左边截取两个字符，返回值是"He"。
● Right：从字符串的右边截取子字符串，使用方法与 Left 一样。例如，Right("Hello",2)的返回值为"lo"。
● Mid：从中间截取子字符串。该函数的语法结构为：Mid(字符串，起始位置，截取个数)。例如，Mid("Hello",3,2)，表示从该字符串的第 3 个字符处截取两个字符，返回值为"ll"。
● StrReverse：返回与原字符串反向的字符串。例如，StrReverse("Hello")的值为"olleH"。
● LTrim：清除字符串左边的空格。例如，LTrim("Hello")的值为"Hello"。
● RTrim：清除字符串右边的空格。例如，RTrim("Hello")的值为"Hello"。
● Trim：清除字符串两边的空格。例如，Trim("Hello")的值为"Hello"。
● Space：返回一个由指定长度空格组成的字符串。注意该返回值与空字符串("")并不相同，前者是由空格组成的字符串，而后者中不包含任何内容。
● String：返回一个由指定字符组成的字符串。例如，String(5,"#")的值为"#####"。
● Lcase：将字符串的所有字母变成小写。例如，LCase("Hello")的值为"hello"。
● UCase：将字符串的所有字母变成大写。例如，UCase("Hello")的值为"HELLO"。

另外，Visual Basic 6.0 还提供了输入/输出函数、日期函数、时间函数等大量的内部函数。

【操作步骤】

（1）新建一个工程，将工程命名为"Sin(x)和 Cos(x)函数计算器"，并保存在文件夹中。

（2）设计应用程序界面，如图 2-8 所示。

（3）编写应用程序代码。

① 计算 按钮单击事件中的代码为：

```
Private Sub Command1_Click()
    Dim x As Single, sinx As Double, cosx As Double
    Const PI = 3.1416
    x = Text1.Text
    x = x * PI / 180        '将角度转换成弧度进行计算
    sinx = Sin(x)
    cosx = Cos(x)
    Text2.Text = sinx
    Text3.Text = cosx
End Sub
```

② 清空 按钮单击事件中的代码为：

```
Private Sub Command2_Click()
    Text1.Text = ""
    Text2.Text = ""
    Text3.Text = ""
End Sub
```

（4）运行应用程序，并执行相关操作。

（5）保存工程。

任务九　编写和差积商运算应用程序

编写一个"和差积商运算"应用程序，程序运行后会产生两个 100 以内的随机正整数，如图 2-10 所示。单击 + 、 - 、× 或 ÷ 按钮，实现两个随机数的加法、减法、乘法或除法计算，并把结果显示在等号后面，如图 2-11 所示。单击 重新 按钮，产生两个新的随机数，回到启动界面；单击 清除 按钮，界面如图 2-12 所示；单击 退出 按钮，退出应用程序。

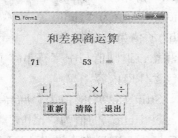

图 2-10　"和差积商运算"运行界面图　　图 2-11　显示计算结果界面　　图 2-12　清除界面

【操作步骤】

（1）新建一个工程，将工程命名为"和差积商运算"，并保存在文件夹中。

（2）设计应用程序界面，如图 2-10 所示。

（3）参照表 2-8 设置有关控件的属性。

表 2-8 控件属性

控 件	属 性	属 性 值
Label1	名称	LblTitle
	Caption	和差积商运算
Labe12	名称	LblNumberl
	Caption	空
Labe13	名称	LblSymbol
	Caption	空
Labe14	名称	LblNumber2
	Caption	空
Labe15	名称	LblEqu
	Caption	=
Labe16	名称	LblResult
	Caption	空
Command1	名称	CmdAdd
	Caption	+
Command2	名称	CmdSub
	Caption	−
Command3	名称	CmdMult
	Caption	×
Command4	名称	CmdDiv
	Caption	÷
Command5	名称	CmdRes
	Caption	重新
Command6	名称	CmdCls
	Caption	清除
Command7	名称	CmdEnd
	Caption	退出

（4）编写应用程序代码。

① "通用" / "声明" 模块代码为：

```
Dim a As Integer, b As Integer, c As Double
```

② 窗体加载事件中的代码为：

```
Private Sub Form_Load()
    a = CInt(Rnd * 100)
    b = CInt(Rnd * 100)
```

```
        LblNumber1.Caption = a
        LblNumber2.Caption = b
    End Sub
```

③ ＋按钮单击事件中的代码为：

```
    Private Sub CmdAdd_Click()
        LblSymbol.Caption = "+"
        c = a + b
        LblResult.Caption = c
    End Sub
```

④ 一按钮单击事件中的代码为：

```
    Private Sub CmdSub_Click()
        LblSymbol.Caption = "-"
        c = a - b
        LblResult.Caption = c
    End Sub
```

⑤ ×按钮单击事件中的代码为：

```
    Private Sub CmdMult_Click()
        LblSymbol.Caption = "×"
        c = a * b
        LblResult.Caption = c
    End Sub
```

⑥ ÷按钮单击事件中的代码为：

```
    Private Sub CmdDiv_Click()
        LblSymbol.Caption = "÷"
        c = a / b
        LblResult.Caption = c
    End Sub
```

⑦ 重新按钮单击事件中的代码为：

```
    Private Sub CmdRes_Click()
        a = CInt(Rnd * 100)
        b = CInt(Rnd * 100)
        LblNumber1.Caption = a
        LblNumber2.Caption = b
        LblSymbol.Caption = ""
        LblResult.Caption = ""
    End Sub
```

⑧ 清除按钮单击事件中的代码为：

```
Private Sub CmdCls_Click()
    LblNumber1.Caption = ""
    LblSymbol.Caption = ""
    LblNumber2.Caption = ""
    LblResult.Caption = ""
End Sub
```

⑨ 退出 按钮单击事件中的代码为：

```
Private Sub CmdEnd_Click()
    End
End Sub
```

（5）运行应用程序，保存工程。

【知识链接】

在前面编程的过程中，所有的控件名称都采用系统默认的名称，如【Command1】、【Label1】等。这种命名方法既不利于书写，也很不直观，相互之间极易混淆。为了便于编写程序，Visual Basic 6.0 对控件的命名有个约定，即控件名要具有可读性，也就是说，一看到控件的名称就知道该控件的类型及其功能。为了表明控件的类型，在给控件命名时，必须在名称前面加上控件类型的缩写前缀，如 "cmd" 代表命令按钮，"lbl" 代表标签控件等。常用控件名称的缩写如表 2-9 所示。

表 2-9　控件命名约定缩写

控　件	名 称 缩 写	示　例
窗体	frm	frmDraw
标签	lbl	lblName
文本框	txt	txtName
命令按钮	cmd	cmdOK
单选按钮	opt	optMan
框架	fra	fraColor
复选框	chk	chkFont
列表框	lst	lstCity
组合框	cbo	cboCity
水平滚动条	hsb	hsbRed
垂直滚动条	vsb	vsbRed
图片框	pic	picCat
图像框	img	imgCat
菜单	mnu	mnuFile

项 目 实 训

完成项目二的各个任务后，就可以初步掌握用 Visual Basic 6.0 编写基本的应用程序。以下进行实训练习，对以上所学内容加以巩固和提高。

实训一　编写英文大小写转换器应用程序

编写一个英文大小写转换器应用程序，其运行界面如图 2-13 所示。在文本框中输入字符串 "Visual Basic 6.0"，单击 大写 按钮后，文本框中的字符变为 "VISUAL BASIC 6.0"；然后单击 小写 按钮，文本框中的字符变为 "visual basic 6.0"。

图 2-13　"英文大小写转换器" 运行界面

【操作步骤】

（1）新建一个工程，将工程命名为 "英文大小写转换器"，并保存在文件中。

（2）设计应用程序界面（各控件的 "名称" 属性设置参考程序代码中的相关控件名称），如图 2-13 所示。

（3）编写应用程序代码。

① "通用" / "声明" 模块代码为：

```
Dim S As String
```

② 大写 按钮单击事件中的代码为：

```
Private Sub Command1_Click()
S = Text1.Text
Text1.Text = UCase(S)
End Sub
```

③ 小写 按钮单击事件中的代码为：

```
Private Sub Command2_Click()
S = Text1.Text
Text1.Text = LCase(S)
End Sub
```

（4）运行应用程序，并执行相关操作。

（5）保存工程。

实训二　编写加减法运算器应用程序

编写一个加减法运算器应用程序，其运行界面如图 2-14 所示。单击 + 或 - 按钮，实现两个随机数的加法或减法计算，并把结果显示在等号后面；单击 清除 按钮，回到启动界面；单击 退出 按钮，退出程序。

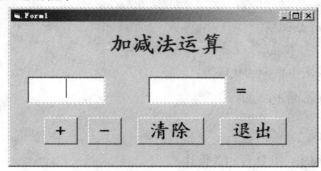

图 2-14　"加减法运算器"运行界面

【操作步骤】

（1）新建一个工程，将工程命名为"加减法运算器"，并保存在文件夹中。

（2）设计应用程序界面（各控件的"名称"属性设置参考程序代码中的相关控件名称），如图 2-14 所示。

（3）编写应用程序代码。

① "通用" / "声明"模块代码为：

```
Dim a As Double, b As Double, c As Double
```

② + 按钮单击事件中的代码为：

```
Private Sub CmdAdd_Click()
    a = Val(Txt1.Text)
    b = Val(Txt2.Text)
    c = a + b
    LblSymbol.Caption = "+"
    LblResult.Caption = Str(c)
End Sub
```

③ - 按钮单击事件中的代码为：

```
Private Sub CmdSub_Click()
    a = Val(Txt1.Text)
    b = Val(Txt2.Text)
```

```
        c = a - b
        LblSymbol.Caption = "-"
        LblResult.Caption = Str(c)
    End Sub
```

④ 清除 按钮单击事件中的代码为：

```
Private Sub CmdCls_Click()
    Txt1.Text = ""
    Txt2.Text = ""
    LblSymbol.Caption = ""
    LblResult.Caption = ""
End Sub
```

⑤ 退出 按钮单击事件中的代码为：

```
Private Sub CmdEnd_Click()
    End
End Sub
```

（4）运行应用程序，并执行相关操作。

（5）保存工程。

项目拓展　编写函数运算器应用程序

编写一个函数运算器应用程序，其程序运行界面如图 2-15 所示。在文本框中输入一个数，单击 SIN、COS、TAN 或 SQR 按钮，把文本框中数值的 sin、cos、tan 或 sqr 的函数值显示在相应的文本框中，如图 2-16 所示；单击 清除 按钮，回到启动界面；单击 退出 按钮，退出程序。

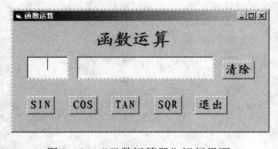

图 2-15　"函数运算器"运行界面

图 2-16　运算结果显示界面

【操作步骤】

（1）新建一个工程，将工程命名为"函数运算器"，并保存在文件中。

（2）设计应用程序界面（各控件的"名称"属性设置参考程序代码中的相关控件名称），如图 2-16 所示。

（3）编写应用程序代码。

① "通用" / "声明" 模块代码为:

```
Dim X As Double, Y As Double
Const PI = 3.1415926
```

② SIN 按钮单击事件中的代码为:

```
Private Sub CmdSIN_Click()
    X = Val(TxtX.Text)
    Y = Sin(X)
    TxtY.Text = Str(Y)
End Sub
```

③ COS 按钮单击事件中的代码为:

```
Private Sub CmdCOS_Click()
    X = Val(TxtX.Text)
    Y = Cos(X)
    TxtY.Text = Str(Y)
End Sub
```

④ TAN 按钮单击事件中的代码为:

```
Private Sub CmdTAN_Click()
    X = Val(TxtX.Text)
    Y = Tan(X)
    TxtY.Text = Str(Y)
End Sub
```

⑤ SQR 按钮单击事件中的代码为:

```
Private Sub CmdSQR_Click()
    X = Val(TxtX.Text)
    Y = Sqr(X)
    TxtY.Text = Str(Y)
End Sub
```

⑥ 清除 按钮单击事件中的代码为:

```
Private Sub CmdCls_Click()
    TxtX.Text = ""
    TxtY.Text = ""
End Sub
```

⑦ 退出 按钮单击事件中的代码为:

```
Private Sub CmdEnd_Click()
    End
End Sub
```

(4) 运行应用程序,并执行相关操作。

（5）保存工程。

项 目 小 结

　　本项目主要介绍编写 Visual Basic 6.0 程序所需要掌握的基础知识和 Visual Basic 6.0 编程的基本思想方法，包括主要的数据类型、变量、常量、编程中的表达式和运算符、数据输出语句和常用内部函数。在学习本项目之后，同学们应具有了一定的 Visual Basic 6.0 编程的基础知识，为以后的编程打下了基础。

思 考 与 练 习

一、选择题

1. 下列变量名中，合法的变量名是（　　　）。

　　A．C24　　　　　　　　　　　　　B．A．B

　　C．A：B　　　　　　　　　　　　D．1+2

2. 可以同时删除字符串前导和尾部空白的函数是（　　　）

　　A．Ltrim　　　　　　　　　　　　B．Rtrim

　　C．Trim　　　　　　　　　　　　D．Mid

3. 设 a="Visual Basic"，则下面语句中使 b="Basic" 的是（　　　）。

　　A．b=Left(a，8，1 2)　　　　　　B．b=Mid(a，8，5)

　　C．b=Rigth(a，5，5)　　　　　　D．b=Left(a，8，5)

4. 设有如下声明：

　　Dim　x　As　Integer

如果 Sgn(x) 的值为-1，则 x 的值是（　　　）。

　　A．整数　　　　　　　　　　　　B．大于 0 的整数

　　C．等于 0 的整数　　　　　　　　D．小于 0 的数

5. 表达式 4+5\6*7/8 Mod 9 的值是（　　　）。

　　A．4　　　　　　　　　　　　　B．5

　　C．6　　　　　　　　　　　　　D．7

6. 执行以下操作：

```
a=8  <CR>  (<CR>是【Enter】键，下同)
b=9  <CR>
Print  a>b  <CR>
```

则输出结果是（　　　）。

　　A．-1　　　　　　　　　　　　　B．0

　　C．False　　　　　　　　　　　　D．True

7. 下面 4 个选项中属于字符型数据的是（　　　）。

A．"Hello"　　　　　　　　　　B．'Hello'

C．Hello　　　　　　　　　　　D．#Hello

8．存储一个双精度浮点数所占的字节数是（　　　）。

A．4　　　　　　　　　　　　　B．8

C．16　　　　　　　　　　　　D．32

9．下面为正确的整型常量的是（　　　）。

A．&624　　　　　　　　　　　B．0347

C．&O127　　　　　　　　　　D．&O128

10．把小写字母转换为大写字母的函数是（　　　）。

A．Lcase$　　　　　　　　　　B．Ucase$

C．Instr　　　　　　　　　　　D．Len

11．"x 是小于 100 的非负数"，用 Visual Basic 6.0 表达式正确表示的是（　　　）。

A．0<=x<100　　　　　　　　　B．0<=x<100

C．0<=x And x<100　　　　　　D．0<=x Or x<100

二、填空题

1．十进制整型数的表示范围为_____。

2．"name" 为_____常量；False 为_____常量；"11/16/99" 为_____常量；12.345 为_____常量。

3．为了在整个应用程序中用常量 Pi 来代替 3.1416，应在主窗体口的顶层声明中使用语句：_____。

4．设有如下的 Visual Basic 表达式：

5*x^2-3*Sin(a)/3

它相当于代数式_____。

5．表达式 Fix(-32)+Int(-24) 的值为_____。

6．生成一个 1～6 的随机整数的表达式是_____。

7．根据所给条件，写出逻辑表达式：

（1）闰年的条件是：年号(year)能被 4 整除，但不能被 100 整除；或者能被 400 整除。逻辑表达式为：_____。

（2）一元二次方程有实根的条件为：a 不等于 0 且 $b^2-4ac>=0$，其逻辑表达式为：_____。

8．以下语句的输出结果是_____。

```
S$= "China"
S$= "Beijing"
Print   S $
```

9．运行下面的程序后，输出的结果为_____。

```
Private Sub CmdEnd_Click()
    A$="Beijing"
```

```
        B$="dalian"
        C$="shanghai"
        C$=Instr(Left(A$,2)+Right$(B$,2),C$)
        Print    C$
    End Sub
```

三、简答题

1. 试说明常量、变量的区别及其用途。

2. 如何定义公共变量？什么情况下需要用到公共变量？

3. 数值型数据有哪几种？为什么可以把 Byte 类型的数据当做数值型数据使用？

4. 整型数据、浮点型数据都是数值型数据。与浮点数相比，整型数有什么优势？

5. 运算符有哪些类型？其优先级如何？

6. 有变量 X=24.6，Y=3，Z="97"。试写出以下表达式的结果：

(a) X+Y；(b) X/Y；(c) X\Y；(d) X Mod Y；(e) Y+Z；
(f) Y&Z；(g) X>Y；(h) Not((X<Y And Y<Z)Or(x>Y))。

项目三 设计简单乘法计算器

本项目使用 Visual Basic 6.0 开发一个简单的乘法计算器应用程序，如图 3-1 所示为乘法计算器应用程序界面，这个乘法计算器提供了最简单的乘法计算功能。通过本项目的开发，学习 Visual Basic 6.0 编程的基本步骤：新建工程，建立可视化用户界面（添加控件、编辑控件、设置控件属性），编写驱动代码。

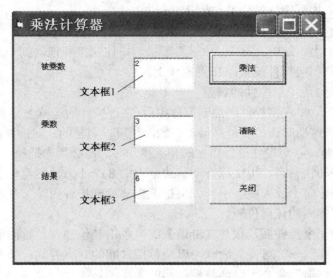

图 3-1 乘法计算器应用程序界面

【项目要求】

在乘法计算器"文本框 1"和"文本框 2"中分别输入"被乘数"和"乘数"后，单击【乘法】按钮就能实现这两个数的乘法运算，并在"文本框 3"中显示运算结果；当单击【清除】按钮时，将清除 3 个文本框中的内容；当单击【关闭】按钮时，关闭对话框，退出程序，回到 Visual Basic 6.0 开发环境。

【学习目标】

✧ 掌握 Visual Basic 6.0 工具箱的使用

✧ 掌握添加、编辑控件的方法

✧ 掌握"标签"控件的常用属性及用途

✧ 掌握"文本框"控件的常用属性及用途

✧ 掌握"命令按钮"控件的常用属性及用途

✧ 掌握代码编写的基本步骤和规则

图 3-2　Visual Basic
6.0 工具箱

Visual Basic 程序设计的步骤是设计用户界面、设置属性、编写事件过程代码。而设计用户界面的第一步是向窗体中添加控件。

【基础知识】

1．控件的添加

Visual Basic 6.0 的工具箱提供了一组工具，用于可视化界面的设计。Visual Basic 6.0 工具箱如图 3-2 所示。

将某一个控件添加到窗体中，有如下两种方法：

（1）在工具箱中，双击对应的控件图标，则相应的控件就自动添加到窗体的中心位置上。

（2）在工具箱中，单击对应的控件图标，然后将光标移动到窗体上，这时光标变为"+"形状，按住左键并拖动到一定范围后松开，则相应控件就被添加到窗体上。

2．控件的调整

在将控件添加到窗体中后，在该控件的边框上有 8 个蓝色的小方块，这说明该控件是"活动"的，是可以调整的。对控件的调整都是针对活动控件进行的。因此，在对控件进行指定的相关操作时，都必须先把控件变成活动的控件。

当控件处于活动状态时，用鼠标拖动其边框上的 8 个小方块就可以使控件在上、下、左、右及四个角的方向上放大或缩小。如果把鼠标移动到控件内，按住左键并拖动，就可以把控件拖动到窗体内的任何位置。

在窗体上选中一个控件后，按住【Shift】键，单击其他控件，这时便可以同时选中多个控件，执行"格式"→"对齐"命令可以调整控件间的对齐方式；执行"格式"→"统一尺寸"→"高度相同"命令可以调整控件间的大小关系；执行"格式"→"水平间距"→"相同间距"命令可以调整控件间的水平间距；执行"格式"→"垂直间距"→"相同间距"命令可以调整控件间的垂直间距。

3．控件属性的设置

在 Visual Basic 6.0 中，每个控件都有自己的属性，在这些众多的属性中，有一部分属性是大部分控件都有的，下面来介绍这些常用的属性。

（1）"name"属性。

作用：为控件命名。

说明：每个控件都必须有一个名称，便于用户访问和区分。

（2）"Appearance"属性。

作用：设置控件的外观效果。

说明："Appearance"属性有两个取值"0"或"1"，当取"0"时，则外观为平面样式；当取"1"时，则外观为三维样式。

（3）"BackColor"属性。

作用：设置控件的背景颜色，可从弹出的调色板中选择。

（4）"BorderStyle"属性。

作用：设置控件的边界类型，取值如下：

0—None（无边界框架）

1—FixedSingle（窗口大小固定不变的单线框架）

2—Sizable（窗口大小可变的标准双线框架）

3—FixedDialog（窗口大小固定的对话框窗体）

4—FixedToolWindow（窗口大小固定的工具箱窗体）

5—Sizable ToolWindow（窗口大小可变的工具箱窗体）

（5）"Caption"属性。

作用：设置控件的标题。注意在使用中要区分"Caption"属性和"name"属性，前者是设置标题，主要是提供给用户看的；后者是计算机识别的控件的名称。

（6）"Enabled"属性。

作用：设置控件是否可用。

说明："Enabled"属性有两个取值 True 和 False。当控件的"Enabled"属性取值为 True 时，则表示控件可用；当控件的"Enabled"属性取值为 False 时，控件就变成灰色，表示控件不可用，不能响应用户的操作。

（7）"FillColor"属性。

作用：填充控件的颜色，可从弹出的调色板中选择。

（8）"FillStyle"属性（主要针对窗体控件）。

作用：窗体的填充样式，有 8 种情况可选：

0—全部填充

1—透明，此为默认值

2—水平直线

3—竖直直线

4—上斜对角线

5—下斜对角线

6—十字线

7—交叉对角线

（9）"Font"属性。

作用：设置控件的字形，可从弹出的对话框中选择字体、大小和风格。

（10）"ForeColor"属性。

作用：设置控件的前景颜色，可从弹出的调色板选择。

（11）"Height"属性。

作用：设置控件的高度。

（12）"Left"属性。

作用：设置控件距屏幕（或其他容器）左边界的距离。

（13）"Visible"属性。

作用：设置控件是否可见。

说明："Visible"属性有两个取值 True 和 False。当控件的"Visible"属性取值为 True 时，则表示控件可见；当控件的"Visible"属性取值为 False 时，控件就不可见。

（14）"Width"属性。

作用：设置控件的宽度。

4．"文本框"控件

"文本框"控件是一个文本编辑区域，可在该区域输入，编辑和显示文本内容，在工具箱中的按钮为 abl。利用文本框控件可以进行文字处理，如文本的插入和选择、长文本的滚动浏览、文本的剪贴等，除了前面介绍的基本属性外，文本框还有以下一些常用属性：

（1）"Alignment"属性。

作用：设置 Caption 属性文本的对齐方式，取值为：0 左对齐；1 右对齐；2 中间对齐。

（2）"MaxLength"属性。

作用：获得或设置文本属性中所能输入的最大字符数。如果输入的字符数超过 MaxLength 设定的数目时，系统将不接受超出部分，并且发出警告。

（3）"MultiLine"属性。

作用：设置文本框对象是否可以输入多行文字。取值为 True 和 False，当取值为 True 时，文本超过控件边界，自动换行。当取值为 False 时，则不能有多行。

需要注意的是：若该属性为 False 时，文本框控件对象的 Alignment 属性无效。

5．"标签"控件

"标签"控件是用于显示文本信息，标示其他控件功能的控件，它的图标为 A 。

（1）"AutoSize"属性。

作用：设置标签控件的大小是否随标题内容的大小自动调整，取值为 True 或者 False；当取值为 True 时，则说明标签控件的大小可以自动调整，当取值为 False 时，则说明标签控件的大小不可以自动调整。

（2）"Alignment"属性。

作用：设置 Caption 属性文本的对齐方式，取值为：0 左对齐；1 右对齐；2 中间对齐。

（3）"BackStyle"属性。

作用：设置控件的背景样式，取值为 0 时则是 Transparent（透明）的；为 1 时则是 Opaque（不透明）的。

6．"命令按钮"控件

"命令按钮"控件用于控制程序的进程，即控制过程的启动、中断或结束，工具箱中的图标为 。

（1）"Cancel"属性。

作用：用于设定默认的取消按钮（指出命令按钮是否为窗体的取消按钮）。取值为 True 时不管窗体上的哪个控件有焦点，按下【Esc】键后，就相当于单击该默认按钮；取值为 False 时则相反。

（2）"Default"属性。

作用：设置该命令按钮是否为窗体默认的按钮。取值为 True 时，说明当用户按下 【Enter】键，就相当于单击该默认按钮；取值为 False 时则相反。

7．编写程序代码

Visual Basic 6.0 中，语句是执行具体操作的指令，每个语句以【Enter】键结束，它会按规则对语句进行简单的格式化处理，例如，方法的首字母大写：在输入语句时，方法、函数等可以不必区分大小写，例如，在输入"Print"时，无论输入的是"print"还是"PRINT"，当按下【Enter】键后都会变成"Print"。在使用 Visual Basic 6.0 编写程序时，最好是一行里只写一条语句，如果一条语句太长，需要用续行符"_"把一个长句分成若干行来存放。

下面先来介绍程序代码的添加方法。编写程序代码要在"程序代码窗口"中进行，当进入主程序界面时，首先看见的是窗体窗口，这时有 3 种方法可以进入代码窗口：

（1）双击当前窗体（双击一个控件也可进入该控件所对应的代码窗口）；

（2）单击工程窗口的"查看代码"按钮，如图 3-3 所示；

（3）执行"视图"→"代码窗口"菜单命令，如图 3-4 所示。

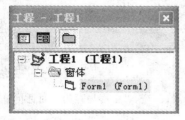

图 3-3　工程窗口

图 3-4　代码窗口命令

进入窗体后，屏幕上出现与该窗体对应的代码窗口。代码窗口的标题栏中显示工程的名称，代码窗口分为对象框和过程框两个部分。代码窗口左侧是对象框，包含所有与当前窗体相联系的对象。假设是双击窗体后进入代码窗口，这时对象框中显示的就是 Form。如果要对其他对象进行编码，应单击对象框右侧向下的箭头打开一个下拉列表框，框中列出了本窗体用到的所有对象，可以用鼠标单击任一个对象，如图 3-5 所示。

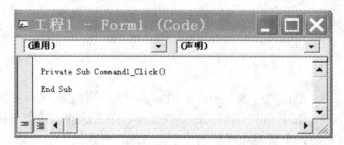

图 3-5　代码编辑区

代码窗口右边是过程框，包含了与当前选中的对象相关的所有事件，单击右侧的按钮，可以展开一个下拉列表框，用鼠标单击所需的事件名，就可以对刚才所选择的对象和事件进行编码了。

任务一　创建新的工程

【操作步骤】

（1）执行"文件"→"新建工程"命令，这时会出现一个对话框，如图 3-6 所示。

（2）在该对话框中选择"标准 EXE"，单击【确定】按钮。这时 Visual Basic 6.0 集成环境将创建一个名为"工程 1"的工程，并且在"窗体设计器"窗口中自动创建一个名为"form"的窗体文件。

（3）执行"文件"→"保存工程"命令，这时会出现一个"工程另存为"对话框，这时用户就可以在"文件名"文本框中输入"乘法计算器"，然后单击【保存】按钮，如图3-7所示。

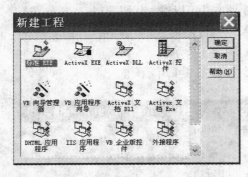

图 3-6   "新建工程"窗口   图 3-7   "工程另存为"对话框

【小提示】

用户在编写程序时，要随时注意保存工程，以免出现意外情况。

任务二   设计 Visual Basic 6.0 应用程序界面

在创建新的工程之后，要求设计 Visual Basic 6.0 应用程序界面。在 Visual Basic 6.0 应用程序设计中，设计应用程序界面是其中一个关键的工作，也是 Visual Basic 6.0 编程可视化的具体表现。

（一）添加控件

【操作步骤】

（1）在工具箱中，单击"标签"控件的图标 **A**，然后把鼠标光标移到窗体上，这时光标变成"+"形状，拖动鼠标可以绘制出标签的外框，在合适的位置按下鼠标左键，并拖动鼠标，此时标签对象的大小就是虚线框的大小。当标签对象的大小合适时，停止拖动鼠标，这时窗体上就会在虚线框的位置出现 1 个标签，自动命名为"Label1"。

（2）按照步骤（1）的方法，在窗体上再添加两个"标签"控件；

（3）按照步骤（1）的方法，在窗体上添加 3 个"文本框"控件；

（4）按照步骤（1）的方法，在窗体上添加 3 个"命令按钮"控件；这时乘法计算器的初始界面就基本完成了，如图3-8所示。

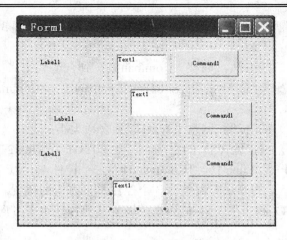

图 3-8 乘法计算器初始界面

【小提示】

Visual Basic 6.0 允许对已经添加的控件进行"复制"、"粘贴"和"删除"，具体操作步骤如下：

（1）单击需要复制的控件；

（2）执行"编辑"→"复制"命令；

（3）执行"编辑"→"粘贴"命令，屏幕上将显示一个对话框，询问是否要建立控件数组，单击【否】按钮后，就把该控件复制到窗体的左上角了。

（二）编辑调整控件

如图 3-8 所示的界面并不是很美观，现在我们就来调整一下控件布局，美化界面。在调整控件时，要综合应用"格式"菜单中的各个子菜单，而且只有在选中多个控件时才可以使用。

【操作步骤】

（1）单击"Label1"控件，这时"Label1"控件周围就出现了 8 个小方块，说明这个控件已经变成了活动控件，将鼠标移动到小方块上，此时鼠标形状就变为双箭头形状，表示此时可以改变控件的大小了，按住鼠标左键并拖动，这时会出现一个虚线框，这个虚线框与创建控件时的虚线框相同，将控件拖动到合适的大小和位置后，松开鼠标左键就可以改变控件的大小了。

（2）选中"Label1"控件，按住【Shift】键，然后单击"Label2"控件和"Label3"控件，这时就可以选中这组标签控件了。在这组控件被选中后，不是所有的控件周围的小方块都是蓝色的，只是最后一个被选中的"Label3"控件是蓝色的，其他控件周围都是白色的小方块。这个最后被选中的"Label3"控件被称为基准控件，要调整 3 个标签控件的大小及位置，就要以这个基准控件为标准。

（3）执行"格式"→"统一尺寸"→"两者都相同"命令，这时 3 个标签会自动调整为与"Label3"大小相同的尺寸。

（4）执行"格式"→"对齐"→"居中对齐"命令，这时 3 个标签就会自动居中对齐。

（5）执行"格式"→"垂直间距"→"相同间距"命令，这时 3 个标签的垂直方向的间距就会调整至相同。

（6）按照步骤（1）的办法，调整"Command1"到合适大小。

（7）按照步骤（2）～步骤（5）的办法，调整"Command1"、"Command2"和"Command3"的布局。

（8）按照步骤（1）的办法，调整"Text1"到合适大小。

（9）按照步骤（2）～步骤（5）的办法，调整"Text1"，"Text2"和"Text3"的布局。

（10）选择"Text1"、"Label1"、"Command1"三个控件，并以"Label1"为基准，按照步骤（4）和步骤（5）的办法，调整这 3 个控件水平方向的位置。

（11）按照步骤（4）和步骤（5）的办法，调整其他控件水平方向的位置。完成后的界面如图 3-9 所示。

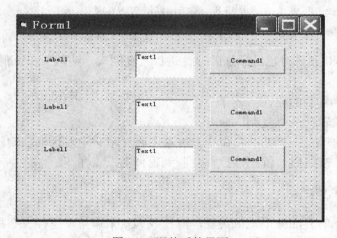

图 3-9　调整后的界面

（三）设置控件的属性

调整完控件的布局和位置后，乘法计算器的界面已经初步形成，但是有些地方还不够"人性化"，如"命令"按钮上的字体大小、颜色、位置等，这些设置都需要通过属性设置来完成。

【操作步骤】

（1）在窗体上选中"Label1"控件，然后单击"属性"窗口的"Alignment"属性，然后单击右端的箭头，打开下拉列表，选择"2-Center"项。

（2）单击"属性"窗口的"Autosize"属性，然后单击右端的箭头，打开下拉列表，选择"True"项。

（3）单击"属性"窗口的"Caption"属性，然后单击"Caption"右边一栏，删除"Label1"，再输入"被乘数"。

（4）单击"属性"窗口的"Font"属性，单击"Font"属性的字体对话框，如图 3-10 所示，在"字体"对话框中调整字形、大小。

（5）选中"Text1"控件，在"属性"窗口中选择"Backcolor"属性，在属性值框中单击右边的下拉按钮，这时出现一个颜色列表，单击"调色板"对话框按钮，颜色列表变为调色板。这时就可以把文本框中的文字背景颜色设置为想要的颜色。

（6）选中"Text1"控件，在"属性"窗口中选择"Fontcolor"属性，按照步骤（5）的方法设置文本框中字体的前景色。

（7）根据步骤（1）～步骤（6）设置其余控件的"Font"、"Backcolor"、"Fontcolor"、"Caption"等相关属性，最后的设置结果如图3-11所示。

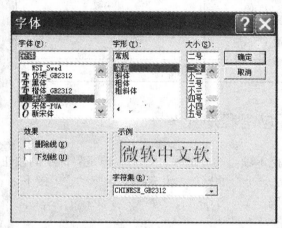

图3-10 "字体"对话框

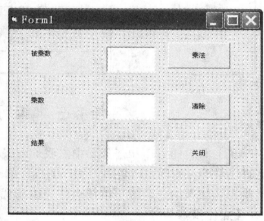

图3-11 乘法计算器的最后界面

该任务中对象属性的设置见表3-1。

表3-1 任务二的对象属性设置

对　象	属　性	设　置
窗体	Caption	乘法计算器
	（名称）	Form1
命令按钮1	Caption	乘法
	（名称）	cmdcheng
命令按钮2	Caption	清除
	（名称）	Cmdclear
命令按钮3	Caption	关闭
	（名称）	cmdclose
标签1	Caption	被乘数
	（名称）	Label1
标签2	Caption	乘数
	（名称）	Label2

续表

对　象	属　性	设　置
标签 3	Caption	结果
	(名称)	Label3
文本框 1	(名称)	Text1
	text	
文本框 2	(名称)	Text2
	text	
文本框 3	(名称)	Text3
	text	

任务三　编写应用程序代码

在上面的任务一和任务二中，我们已经把本项目的界面设计好了，但是界面中的按钮这时还是不可用的，这是因为现在的程序只是一个空的框架，没有指令来驱动它，接下来，就要为其加入指令，编写按钮事件的驱动代码。

【操作步骤】

（1）在"工程管理器"窗口中双击"Form1"，在"窗体设计器"窗口中出现"乘法计算器"的主界面。

（2）在"乘法计算器"主界面中双击"cmdcheng"命令按钮，屏幕上会出现"代码编辑器"窗口，并且鼠标光标会在命令按钮的单击事件 Click 内跳动，这时就可以在光标跳动的地方为命令按钮 1 添加驱动代码：

```
Private Sub cmdcheng_Click()
    a = Val(Text1.Text)
    b = Val(Text2.Text)
    c = a * b
    Text3.Text = c
End Sub
```

【小提示】

当进入代码编辑区时，系统就会自动添加过程头和过程尾，只需要在其中添加自己的代码；当通过键盘输入对象名和编号时并按下"."时，这时会弹出一个下拉列表，可以从中选择需要的属性。

（3）在命令按钮"cmdclear"中的单击事件中编写以下代码：

```
Private Sub cmdclear _Click()
    Text1.Text = ""
    Text2.Text = ""
    Text3.Text = ""
```

```
        End Sub
```

（4）在命令按钮"cmdclose"中的单击事件中编写以下代码：

```
Private Sub cmdclose _Click()
        End
End Sub
```

（5）单击工具栏中的"启动"按钮或直接按【F5】键，运行"乘法计算器"并执行相关的操作。

（6）保存工程。

项　目　实　训

在上面的项目二中，我们学习了"标签"、"文本框"和"命令按钮"3 个控件，并掌握了 VB（Visual Basic）中代码的基本编写方法，下面我们通过实训来对上述内容进行巩固。

实训一　使用"标签"控件显示文本

在窗体中添加一个"标签"控件，当程序启动后，就在"标签"控件中显示"VB 欢迎您！"，文字的颜色为"蓝色"，如图 3-12 所示。

图 3-12　实训一运行界面

【操作步骤】

（1）新建一个工程，命名为"标签显示文本"。

（2）向窗体添加一个"标签"控件。

（3）编辑"标签"控件，将"标签"控件居中。

（4）设置"标签"控件的相关属性，将前景色设置为蓝色，将"Font"属性中的字体大小设置为"24"。

（5）运行程序，保存工程。

相关代码如下：

```
Private Sub Form_load()
    Label1.Caption="VB 欢迎您！"
End Sub
```

实训二　使用"文本框"控件输入/输出文本

在窗体中添加两个文本框控件和一个命令按钮控件，运行程序后在第一个文本框中输入文本，单击【输出文本】按钮，则在第二个文本框中显示出来，如图 3-13 所示。

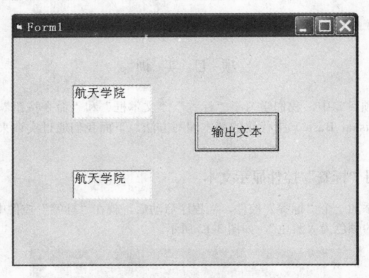

图 3-13　实训二运行界面

【操作步骤】

（1）新建一个工程，命名为"输入/输出文本"。

（2）向窗体添加两个"文本框"控件和一个"命令按钮"控件。

（3）编辑"文本框"控件和"命令按钮"控件。

（4）设置"文本框"控件和"命令按钮"控件的相关属性；将"命令按钮"控件的"Caption"属性设置为"输出文本"，"文本框"控件的"Text"属性设置为空。

（5）运行程序，保存工程。

相关代码如下：

```
Private Sub Command1_Click()
    Text2.Text = Text1.Text
End Sub
```

实训三　使用"命令按钮"控件控制文本显示

在窗体上添加一个"命令按钮"控件，当单击【显示文本】按钮时，在窗体上显示"重庆航天职业技术学院欢迎您！"，如图 3-14 所示。

图 3-14　实训三运行界面

【操作步骤】

（1）新建一个工程，命名为"命令按钮显示文本"。

（2）向窗体添加一个"命令按钮"控件。

（3）编辑"命令按钮"控件,调整"命令按钮"控件至合适的大小。

（4）设置"命令按钮"控件的相关属性，将"命令按钮"控件的"Caption"属性设置为"显示文本"。

（5）运行程序，保存工程。

相关代码如下：

```
Private Sub Command1_Click()
        Print "重庆航天职业技术学院欢迎您！"
End Sub
```

项目拓展　编写文本显示器应用程序

编写一个文本显示器应用程序，界面设计如图 3-15 所示。当单击【显示】按钮时，在文本框中显示"欢迎就读重庆航天职业技术学院"；单击【清除】按钮时，清除文本框中的内容；单击【退出】按钮时，则退出程序。

【操作步骤】

（1）新建一个工程，命名为"文本显示器"。

（2）向窗体添加三个"命令按钮"控件和一个"文本框"控件。

（3）编辑"命令按钮"控件和"文本框"控件。

（4）设置"命令按钮"控件和"文本框"控件的相关属性；将"命令按钮"控件的"Caption"属性分别设置为"显示"、"清除"和"退出"。

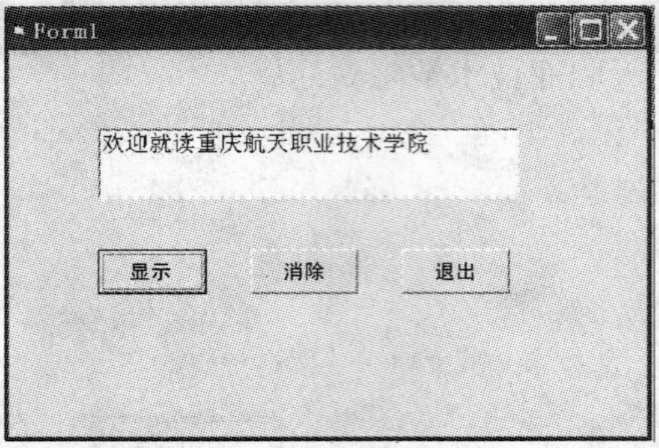

图 3-15　项目拓展运行界面

（5）编写应用程序代码。

① 【显示】按钮的代码如下：

```
Private Sub Command1_Click()
    Text1.Text = "欢迎就读重庆航天职业技术学院"
End Sub
```

② 【清除】按钮的代码如下：

```
Private Sub Command2_Click()
    Text1.Text = ""
End Sub
```

③ 【退出】按钮的代码如下：

```
Private Sub Command3_Click()
    End
End Sub
```

（6）运行应用程序，并执行相关操作。

（7）保存工程。

项 目 小 结

本项目完成了乘法计算器的开发设计，通过这个项目的开发，我们初步掌握了 VB 工具箱的使用，"标签"、"文本框"、"命令按钮" 3 个控件的基本属性以及 VB 程序设计的基本步骤，为以后的学习打下了基础。

思 考 与 练 习

一、单选题

1. 下列控件中没有 Caption 属性的是（　　）。

　　A．标签　　　　　B．文本框　　　　　C．框架　　　　　D．命令按钮

2. 若要求从文本框中输入密码时在文本框中只显示"*"号，则应在此文本框的属性窗口中设置（   ）。

  A．Text 属性值为*   B．Caption 属性值为*

  C．Password 属性值为空   D．PasswordChar 属性值为*

3. 将命令按钮 Command1 设置为不可见，应修改该命令按钮的属性（   ）。

  A．Visible   B．Value

  C．Caption   D．Enabled

4. 在窗体 Form1 的 Click 事件过程中有以下语句：

> Label1.Caption="Visual Basic"

若执行本语句之前，标签控件的 Caption 属性为默认值，则标签控件的 Name 属性和 Caption 属性在执行本语句之前的值分别为（   ）。

  A．"Label"、"Label"   B．"Label1"、"Visual Basic"

  C．"Label1"、"Label1"   D．"Caption"、"Label"

5. 命令按钮控件（Command）快捷键的设置通过哪个字符实现（   ）。

  A．@   B．$

  C．#   D．&

6. 决定标签内显示内容的属性是（   ）。

  A．Text   B．Name

  C．Alignment   D．Caption

二、编程题

1. 在窗体中放一个按钮和两个文本框，执行程序，在第一个文本框中输入一个数 n，单击【计算】按钮，在另外一个文本框中显示 $1!+2!+3!+\cdots+n!$的结果，运行界面如图 3-16 所示。

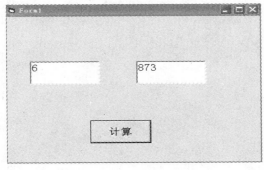

图 3-16 运行界面

2. 编写程序解一元二次方程，运行界面如图 3-17 所示。在前 3 个文本框中输入系数 a、b、c，单击【解方程】按钮，在另外两个文本框中显示结果。如果在实数范围内无解，则打印在窗体上。

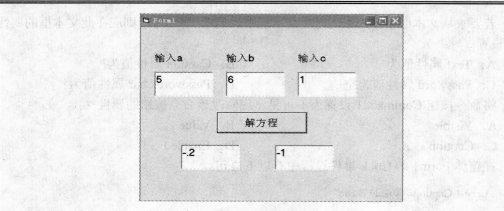

图 3-17　运行界面

项目四 设计"字体显示器"

在 Visual Basic 中，复选框、单选按钮控件主要作为选项提供给用户选择。不同的是，在一组复选框中，可以同时选择多个；而一组单选按钮每次只能选择一个。框架通常用于对多组单选按钮进行分组。通用对话框中有"打开"、"另存为"、"字体"、"颜色"、"打印机"、"帮助"6 种对话框，为程序员设计这些常用对话框提供了便利。

【项目要求】 设计"字体显示器"。程序界面如图 4-1 所示，该程序能够改变字体样式、颜色以及字号的大小。为了丰富字体颜色和字体样式，将字体显示器的功能进一步增强，单击【更多字体】按钮，弹出如图 4-2 所示的"字体"对话框，从中可以选择各种不同的字体样式；单击图 4-1 中的【更多颜色】按钮，弹出如图 4-3 所示的"颜色"对话框，从中可以选择自己喜欢的颜色。

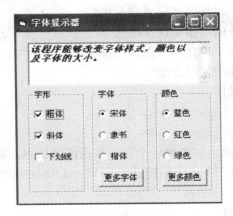

图 4-1 "字体显示器"程序界面

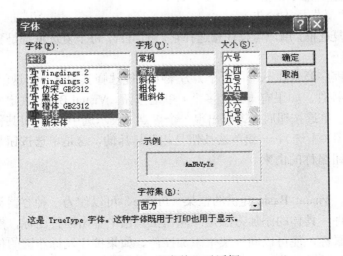

图 4-2 "字体"对话框

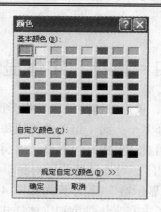

图 4-3　"颜色"对话框

【学习目标】

♦ 掌握"复选框"控件的常用属性及事件

♦ 掌握"单选按钮"控件的常用属性及事件

♦ 掌握"框架"控件的常用属性及用途

♦ 掌握"通用对话框"控件的常用属性及事件

♦ 掌握"数组"控件的使用方法

♦ 了解文件的基本操作

【基础知识】

● 复选框☑

在应用程序的用户界面上，如果一个控件存在两种状态，要求用户从两种状态中选其一（如"是否使用大写字母"等），这种控件就是 Visual Basic 提供的"复选框"（CheckBox），又称"检查框"。

它有两种状态可以选择：

（1）选中（复选框中出现一个"√"标志）。

（2）不选（"√"标志消失）。

如果有多个复选框，用户可以任意选择它们的组合，每个复选框都是独立的，互不影响。

● 单选按钮◉

有时，应用程序要求在一组（几个）方案中只能选择其中之一，这就要用"单选按钮"（Option Button）控件。如果有一组（多个）单选按钮，Visual Basic 规定一次只能选择其中之一，当选中某一单选按钮时，该框出现一个黑点（表示选中），同时其他单选按钮中的黑点消失，表示关闭（不选）。一组单选按钮是相互排斥的，这是单选按钮与复选框的主要区别，也是单选按钮名称的由来。

● 框架▭

和窗体一样，Visual Basic 提供的框架（Frame）可以作为一种容器类控件，可以向框架中添加其他控件，具体的添加方法是：先在工具箱中单击控件图标，然后在框架上按住鼠标左键，拖动鼠标，便可以向框架中添加控件。如果按住鼠标左键的位置不在框架上，则是向窗体中添加控件。

向框架中添加控件之后，框架中的控件随着框架的移动而移动，如果框架被删除，则框架中的控件也被删除。

通过使用框架，可以按对象性质将单选按钮分成几组，这样就可以在不同的组里同时选择几个单选按钮，以增强程序的灵活性。

● 对话框

在 Visual Basic 6.0 中，对话框是一种特殊的窗体，可以与用户进行交互，获取用户的输入信息或向用户提示有关信息。预定义对话框、自定义对话框和通用对话框是 Visual Basic 6.0 中最基本的 3 种对话框，前两种对话框的创建过程和调用方法将在其他项目中介绍，本项目主要学习通用对话框的创建过程和调用方法。

● 通用对话框

Visual Basic 6.0 向用户提供了"打开"、"另存为"、"颜色"、"字体"、"打印机"、"帮助"共 6 种类型通用对话框，由于这 6 种对话框的调用都是通过"通用对话框"控件来实现的，因此，通用对话框的属性设置就与所代表的对话框的类型有关。

任务一 创建用户界面

本任务是将所需的控件添加到窗体中，建立可视化用户界面。

（一）添加基本控件

【操作步骤】

（1）新建一个工程，将窗体的"Caption"属性设置为"字体显示器"。

（2）向窗体中添加 3 个"框架"控件和一个"文本框"控件，并调整控件的大小及位置。

（3）在控件工具箱中，单击"复选框"控件的图标，然后将鼠标光标移到框架"Frame1"中，按住鼠标左键，在框架上拖动鼠标并在适当的位置松开鼠标左键，完成向"Frame1"中添加"复选框"控件的动作。

【小提示】

向框架中添加"单选按钮"控件或"复选框"控件时，按下鼠标的位置不要超出框架的范围，且单选按钮或复选框不要超出框架的范围。

（4）按照步骤（3）的方法向框架"Frame1"中再添加两个"复选框"控件。

（5）在控件工具箱中，单击"单选按钮"控件的图标，然后将鼠标光标移到框架"Frame2"中，按住鼠标左键，在框架上拖动鼠标并在适当位置松开鼠标左键，完成向框架"Frame2"中添加"单选按钮"控件的动作。

（6）按照步骤（5）的方法向框架"Frame2"中再添加两个"单选按钮"控件。

（7）按照步骤（5）的方法向框架"Frame3"中添加 3 个"单选按钮"控件。

（8）向框架"Frame2"中添加一个"命令按钮"控件。

（9）向框架"Frame3"中添加一个"命令按钮"控件。

（10）调整控件的大小及位置，完成的界面如图 4-4 所示。

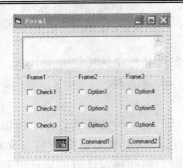

图 4-4　设计界面

（二）添加"通用对话框"控件

Visual Basic 提供了"通用对话框"（Common Dialog Box）控件，默认情况下，"通用对话框"控件不是常用控件，因此不在工具箱中。在使用"通用对话框"控件之前，应先将其添加到工具箱中。

【操作步骤】

（1）执行"工程"→"部件"菜单命令，弹出如图 4-5 所示的"部件"对话框。

（2）在"控件"选项卡中，拖动其列表右侧的滚动条，选中"Microsoft Common Dialog Control 6.0"列表项。

（3）单击【确定】按钮，关闭"部件"对话框，工具箱中就会添加"通用对话框"控件的图标圙。

（4）在工具箱中，双击"通用对话框"控件，向窗体中添加"通用对话框"控件，如图 4-4 所示。

"通用对话框"控件在界面的摆放位置是任意的，因为程序运行以后，在窗体中不显示该控件的图标。

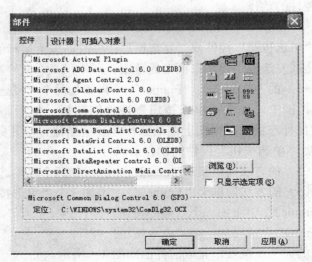

图 4-5　"部件"对话框

<h1 style="text-align:center">任务二 设置界面属性</h1>

完成项目的第一个任务后，本任务要求设置界面属性。

（一）设置"文本框"控件属性

【操作步骤】

（1）在窗体中单击"文本框"控件，将"名称"属性设为"Txt"。

（2）将"MultiLine"属性设为"True"。

（3）将"ScrollBars"属性设为"2-Vertical"。

（4）选择"Text"属性，然后删除右端的"Text1"。

（二）设置"框架"控件属性

【操作步骤】

（1）在窗体上单击框架"Frame1"，然后将"Caption"属性设为"字形"。

（2）按照步骤（1）的方法，分别将框架"Frame2"、"Frame3"的"Caption"属性设为"字体"、"颜色"。

【知识链接】

除了"Caption"和"Font"等属性外，"框架"控件还有"BorderStyle"属性。

功能：返回或设置"标签"控件的边框样式。

说明："BorderStyle"属性有两个取值"0"或"1"。"BorderStyle"属性取值为"0"时（默认值），表示"框架"控件无边框；"BorderStyle"属性取值为"1"时，表示"框架"控件有固定的单线边框。

由于"框架"控件主要起标识分组的作用，因此，在设计程序时很少为其添加事件。

（三）设置"单选按钮"、"复选框"和"命令按钮"控件属性

【操作步骤】

（1）在窗体上单击"Check1"复选框，然后将"名称"属性设为"ChkStyle1"，"Caption"属性设为"粗体"，"Value"属性设为"1-Checked"。

（2）按步骤（1）的方法，参照表 4-1 设置其余控件的属性。设置完成的窗体如图 4-6 所示。

表4-1 控件属性

控　件	"名称"属性	"Caption"属性	"Value"属性
Check1	ChkStyle1	粗体	1-Checked
Check2	ChkStyle2	斜体	0-Unchecked
Check3	ChkStyle3	下划线	0-Unchecked

续表

控　件	"名称"属性	"Caption"属性	"Value"属性
Option1	OptFont1	宋体	True
Option2	OptFont2	隶书	False
Option3	OptFont3	楷体	False
Option4	OptColor1	蓝色	True
Option5	OptColor2	红色	False
Option6	OptColor3	绿色	False
Command1	CmdFont	更多字体	
Command2	CmdColor	更多颜色	

图 4-6　设计界面

【知识链接】

单选按钮和复选框常成组出现，用来向用户提供选择。在一组单选按钮控件中，用户只能选中其中的一个单选按钮；但在一组复选框控件中，用户可以同时选中多个复选框。

● 单选按钮

"单选按钮"控件上所显示的文本是由"Caption"属性来设置的，所处的状态是由"Value"属性来获得的。"Value"属性主要用来设置或返回"单选按钮"控件的状态，它有两个取值"True"或"False"。"Value"属性为"True"时，表示该单选按钮被选中；"Value"属性为"False"时，表示该单选按钮未被选中。

● 复选框

和单选按钮一样，复选框上所显示的文本由"Caption"属性来设定，"复选框"控件的状态由"Value"属性来返回或设置。"Value"属性有 3 个取值：0、1 或 2。"Value"属性为 0 时，表示该复选框没被选中；"Value"属性为 1 时，表示该复选框被选中；"Value"属性为 2 时，表示该复选框不可用，此时该复选框呈灰色显示。

任务三 编写事件代码

（一）为"单选按钮"和"复选框"编写事件代码

"单选按钮"和"复选框"最常用的事件是单击事件。

【操作步骤】

（1）编写 Form1_Load 事件代码，初始化文本框字体。

```
Private Sub Form_Load()
    Txt.FontBold = True
    Txt.FontName = "宋体"
    Txt.ForeColor = vbBlue
End Sub
```

这三行代码设置文本框的字体为粗体的蓝色宋体。

（2）编写 ChkStyle1_Click 事件代码，确定文本框的字体风格是否为粗体。

```
Private Sub ChkStyle1_Click()
    If ChkStyle1.Value = 1 Then
        Txt.FontBold = True
    Else
        Txt.FontBold = False
    End If
End Sub
```

如果 ☑ 粗体 复选框被选中，也就是该复选框的"Value"属性为 1，将文本框的字体设为粗体；否则，说明 ☐ 粗体 复选框未被选中，不将文本框的字体设为粗体。

（3）编写 ChkStyle2_Click 事件代码，确定文本框字体风格是否为斜体。

```
Private Sub ChkStyle2_Click()
    If ChkStyle2.Value = 1 Then
        Txt.FontItalic = True
    Else
        Txt.FontItalic = False
    End If
End Sub
```

如果 ☑ 斜体 复选框被选中，也就是该复选框的"Value"属性为 1，将文本框的字体设为斜体；否则，说明 ☐ 斜体 复选框未被选中，不将文本框的字体设为斜体。

（4）编写 ChkStyle3_Click 事件代码，确定文本框字体风格是否为下划线。

```
Private Sub ChkStyle3_Click()
    If ChkStyle3.Value = 1 Then
        Txt.FontUnderline = True
```

```
        Else
            Txt.FontUnderline = False
        End If
    End Sub
```

如果 ☑ 下划线 复选框被选中，也就是该复选框的"Value"属性为 1，将文本框的字体设为下划线；否则，说明 ☐ 下划线 复选框未被选中，不将文本框的字体设为下划线。

（5）编写 OptFont1_Click 事件代码，将文本框字体设为宋体。

```
    Private Sub OptFont1_Click()
        Txt.FontName = "宋体"
    End Sub
```

（6）编写 OptFont2_Click 事件代码，将文本框的字体设为隶书。

```
    Private Sub OptFont2_Click()
        Txt.FontName = "隶书"
    End Sub
```

（7）编写 OptFont3_Click 事件代码，将文本框的字体设为楷体。

```
    Private Sub OptFont3_Click()
        Txt. FontName = "楷体_GB2312"
    End Sub
```

（8）编写 OptColor1_Click 事件代码，将文本框的字体颜色设为蓝色。

```
    Private Sub OptColor1_Click()
        Txt.ForeColor = vbBlue
    End Sub
```

（9）编写 OptColor2_Click 事件代码，将文本框的字体颜色设为红色。

```
    Private Sub OptColor2_Click()
        Txt.ForeColor = vbRed
    End Sub
```

（10）编写 OptColor3_Click 事件代码，将文本框的字体颜色设为绿色。

```
    Private Sub OptColor3_Click()
        Txt.ForeColor = vbGreen
    End Sub
```

（二）实现通用对话框的调用

【基础知识】

通用对话框可以提供 6 种不同形式的对话框。在显示出具体的对话框之前，应通过设置"Action"属性或调用"Show"方法来选择对话框的类型，见表 4-2。

表 4-2 通用对话框的 6 种形式

对话框类型	Action 属性	方 法
打开(Open)	1	ShowOpen
另存为(Save As)	2	ShowSave
颜色(Color)	3	ShowColor
字体(Font)	4	ShowFont
打印机(Printer)	5	ShowPrinter
帮助(Help)	6	ShowHelp

通用对话框的默认名称为 CommonDialog1、CommonDialog2……对话框的类型不是在设计阶段设置的,而是在程序运行时设置的。例如:

CommonDialog1.Action=1

或

CommonDialog1.ShowOpen

就指定了对话框 CommonDialog1 为"打开"类型。

本节重点介绍本项目中用到的"颜色"和"字体"对话框,其他对话框在项目拓展中讲解。

● "颜色"对话框

"颜色"对话框是 Visual Basic 6.0 中比较重要的一种通用对话框,可以由用户自己选择颜色。设置"颜色"对话框的格式如下:

通用对话框名.Action=3

或

通用对话框名.ShowColor

在"颜色"对话框中选中的颜色,由"通用对话框"控件的"Color"属性返回,如图 4-3 所示。另外,"颜色"对话框的样式还与通用对话框的"Flags"属性有关,具体说明见表 4-3。

表 4-3 "颜色"对话框的"Flags"属性

"Flags"属性值	说 明
1	使 规定自定义颜色（D）》 按钮可用
2	显示全部对话框,包括自定义颜色部分
4	使 规定自定义颜色（D）》 按钮无效
8	在对话框上显示 帮助（H） 按钮

设置"Flags"属性值的格式如下：

> 通用对话框名.Flags=属性值

● "字体"对话框

"字体"对话框也是常用的对话框之一。将"通用对话框"控件设置为"字体"对话框的格式如下：

> 通用对话框名.Action=4

或

> 通用对话框名.ShowFont

但在用"ShowFont"方法显示"字体"对话框之前，必须先设置"通用对话框"控件的"Flags"属性，否则会出现不存在字体的错误。表 4-4 是几种"字体"对话框常用的"Flags"属性值。

表 4-4　"字体"对话框的 Flags 属性

"Flags"属性值	说　　明
1	只显示屏幕显示的字体
2	列出打印机和屏幕字体
4	显示一个"帮助"按钮

"字体"对话框的常用属性如表 4-5。

表 4-5　与"字体"对话框有关的属性

属　　性	说　　明
FontName	返回被选定字体的名称
FontSize	返回被选定字体的大小
FontBold	确定是否选择粗体
FontItalic	确定是否选择斜体

【操作步骤】

（1）编写 CmdFont_Click 事件代码，调出字体对话框。

```
Private Sub CmdFont_Click()
    CommonDialog1.Flags = 2
    CommonDialog1.ShowFont
    Txt.FontName = CommonDialog1.FontName
    Txt.FontSize = CommonDialog1.FontSize
End Sub
```

"CommonDialog1"是系统分配给"通用对话框"控件的"名称"。第一行将"通用对话框"的"Flags"属性设为 2；第二行通过"ShowFont"方法调出"字体"对话框；第三、四行的作用是设置文本框的字体和大小与用户在"字体"对话框中选择的一致。

注意：运行时，在弹出的"字体"对话框中必须选择"字体名"。

（2）编写 CmdFont_Click 事件代码，调出颜色对话框。

```
Private Sub CmdColor_Click()
    CommonDialog1.Flags = 1
    CommonDialog1.ShowColor
    Txt.ForeColor = CommonDialog1.Color
End Sub
```

第一行将"通用对话框"的 Flags 属性设为"1"；第二行通过 ShowColor 方法调出"颜色"对话框；第三行的作用是，将文本框字体的颜色设为用户在颜色对话框中选择的颜色。

【知识链接】

本项目是在代码中设置"通用对话框"控件的属性，除此以外，还可以在"通用对话框"控件的属性页中设置（将在后面的项目拓展中介绍）。

项目实训 使用控件数组设计"字体显示器"

窗体中包含一组单选按钮和一组复选框，如图 4-7 所示。单选按钮包括普通、粗体、斜体和粗斜体 4 种字形。复选框提供对删除线和下划线的修饰效果的选项。在文本框中输入文字后，选择"字形"和"效果"，文本框中的文字将按选项进行设置。要求单选按钮和复选框均为控件数组。

图 4-7 程序运行界面

【基础知识】

在前面的项目中，使用的单选按钮和复选框都是独立的控件。如果一个窗体中有多个相同类型的控件，且有相同的操作，则可以使用控件数组来处理。

类似高级语言中的数组结构，控件数组是把多个控件作为一个整体来处理的。控件数组中的每个元素都是相同类型的控件，比如 Label1（0）、Label1（1）、Label1（2）等，都是标签控件。控件数组中的对象具有相同的对象名，例如，Label1，不同的对象通过下标予以区别。控件数组中的对象共享相同的事件过程。下面通过项目说明控件数组的建立和使用方法。

实训一　创建用户界面

该任务是将所需的控件添加到窗体中，建立可视化用户界面。

1．添加基本控件

分别向窗体添加一个文本框、两个框架和一个命令按钮。

2．添加单选按钮数组控件

建立控件数组有下述两种方法。下面以单选按钮为例来具体说明。

（1）第一种方法是，在设计时为相同类型的多个控件设置相同的 Name 属性。具体操作步骤如下：

① 在框架 1 上添加单选按钮 1 时，系统给出默认的"Name"属性的值为"Option1"。

② 接着添加单选按钮 2，系统给出默认的"Name"属性的值为"Option2"。

③ 在属性表中将"Option2"的"Name"属性值改为"Option1"。然后用鼠标单击窗体（表示属性值设置结束），此时屏幕上会出现一个消息框，显示两行文字："已经有一个控件为'Option1'。创建一个控件数组吗?"。单击"是（Y）"按钮，表示要建立一个名为

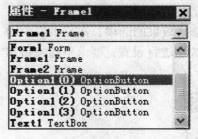

图 4-8　数组控件的属性窗口

"Option1"的单选按钮控件数组。此时，如果单击属性表的对象框右端的下拉箭头，从其下拉表中可以看到原来的"Option2"已变成"Option1(1)"了。此时，Option1 控件数组中已有两个元素，即 Option1(0)和 Option1(1)。

④ 按以上方法继续添加 Option1(2)和 Option1(3)。这样，就建立了一个控件数组 Option1，里面包含四个下标为 0～3 的单选按钮，如图 4-8 所示。

（2）第二种方法是，在设计时先在窗体上添加一个单选按钮控件，然后用鼠标右键单击该控件，在弹出的快捷菜单中选择"复制"命令，再用右键单击窗体，在弹出的快捷菜单中选择"粘贴"命令，当出现是否创建控件数组的提示时，选择"是"按钮，则建立控件数组。

3．添加复选框数组控件

按照同样的方法，在框架 2 中建立复选框控件数组 Check1，里面包含两个元素 Check1（0）和 Check1（1）。设计界面如图 4-9 所示。

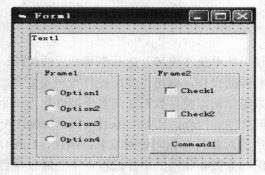

图 4-9　设计界面示

实训二 设置界面属性

按照表 4-6 设置控件属性。

表 4-6 控件属性

控 件	"名称"属性	"Index"属性	"Text" / "Caption"属性
窗体	Form1		数组控件
文本框	Text1		
框架 1	Frame1		字形
框架 2	Frame2		效果
命令按钮	CmdEnd		退出
单选按钮 1	Option1	0	普通
单选按钮 2	Option1	1	粗体
单选按钮 3	Option1	2	斜体
单选按钮 4	Option1	3	粗斜体
复选框 1	Check1	0	删除线
复选框 2	Check1	1	下划线

单选按钮控件数组中四个元素的"名称"都是 Option1，复选框控件数组中的两个元素的"名称"都是 Check1。

其中的"Index"属性值就是控件数组的下标值，程序正是利用"Index"值来区分控件数组中的每个元素。例如：Option1(0)对应于第一个单选按钮，Option1(1)对应于第二个单选按钮，Check1(0) 对应于第一个复选框，依此类推。

实训三 编写事件代码

（1）编写 Option1_Click 事件代码，实现字形的选择。

```
Private Sub Option1_Click(Index As Integer)
    Select Case Index
        Case 0
            Text1.FontBold = False
            Text1.FontItalic = False
        Case 1
            Text1.FontBold = True
            Text1.FontItalic = False
        Case 2
            Text1.FontItalic = True
            Text1.FontBold = False
        Case 3
            Text1.FontBold = True
            Text1.FontItalic = True
```

```
        End Select
    End Sub
```

控件数组是一个整体，具有相同的名称 Option1。在本例中，Option1 控件数组的各个数组元素响应同一个 Click 事件。单击任一单选按钮（即 Option1 控件数组中的任一个元素），即触发 Option1_Click 事件。程序根据 Index 的值判断是哪个单选按钮被选中，以确定执行对应的分支。

（2）编写 Check1_Click 事件代码，实现效果的选择。

```
    Private Sub Check1_Click(Index As Integer)
        Select Case Index
            Case 0
                If Check1(0).Value = 1 Then
                    Text1.FontStrikethru = True
                Else
                    Text1.FontStrikethru = False
                End If
            Case 1
                If Check1(1).Value = 1 Then
                    Text1.FontUnderline = True
                Else
                    Text1.FontUnderline = False
                End If
        End Select
    End Sub
```

FontStrikethru 和 FontUnderline 分别为字体的删除线和下划线属性。

（3）编写 CmdEnd_Click 事件代码。

```
    Private Sub CmdEnd_Click()
        End
    End Sub
```

一个窗体中如果有多个同类型的控件，并且执行相同的操作，使用控件数组能使程序简化，便于设计和维护。

项目拓展　设计简单的"文本编辑器"

可以实现文本文件的打开、保存、设置字体、设置颜色的功能。其界面如图 4-10 所示。文本框中的文本可以从一个文本文件中读取，修改后可以保存。单击"结束"按钮时，如果没有保存，会弹出询问是否保存的消息框，如选择"是"按钮，则返回主窗体，再选择"保存"按钮；否则，结束程序的运行。

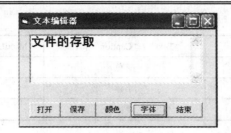

图 4-10 程序运行界面

【基础知识】

如图 4-12 所示，通用对话框的"属性页"窗口中有 5 个选项卡，分别是"打开/另存为"、"颜色"、"字体"、"打印"和"帮助"，供用户选择。前面的项目中介绍了"颜色"和"字体"对话框。本项目主要介绍"打开/另存为"对话框。

实训一 创建用户界面

在新建的窗体中添加一个能显示多行文本的文本框、一个通用对话框和 5 个命令按钮，如图 4-11 所示。

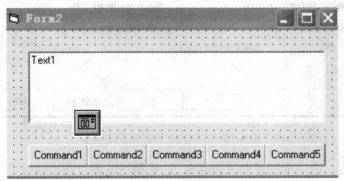

图 4-11 设计界面

实训二 设置界面属性

1. 设置基本控件属性

按照表 4-7 设置基本控件属件。

表 4-7 控件属性

控 件	"名称"属性	"Text" / "Caption"属性	"MultiLine"属性	"ScrollBars"属性
窗体	Form1	文本编辑器		
文本框	Text1	置空	True	2-Vertical
命令按钮 1	cmdOpen	打开		
命令按钮 2	cmdSave	保存		

续表

控　件	"名称"属性	"Text"/"Caption"属性	"MultiLine"属性	"ScrollBars"属性
命令按钮 3	cmdColor	颜色		
命令按钮 4	cmdFont	字体		
命令按钮 5	cmdExit	退出		

2．利用属性页设置通用对话框的属性

【操作步骤】

（1）使用鼠标右键单击窗体中名称为 CommonDialog1 的通用对话框图标，选中"属性"，屏幕上弹出"属性页"窗口。

（2）单击"打开/另存为"选项卡，按照如图 4-12 所示设置相关属性。

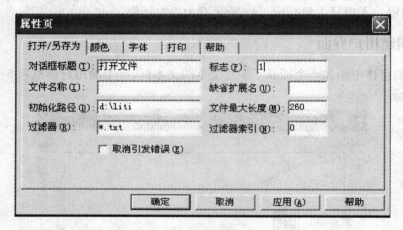

图 4-12　　"打开/另存为"选项卡

"打开/另存为"选项卡的说明见表 4-8。这些属性既可以在"属性页"中设定，也可以在设计代码时指定，有些属性还可以作为控件的返回值取用。

表 4-8　　"打开/另存为"选项卡介绍

属　性	功　能
对话框标题	对话框弹出时显示的标题，默认为"打开"
文件名称	返回或设置默认文件
初始化路径	用来设置和返回指定的路径，默认为当前目录
过滤器	返回或设置文件过滤器及设置文件的扩展名。通过设置"Filter"属性，可以在对话框文件列表框中只显示扩展名与所设通配符的文件。"Filter"属性如果有多个值时，需要使用"|"将其隔开
标志	设置对话框的一些选项，见表 4.9
缺省扩展名	指定默认的文件类型
文件最大长度	指定文件名的最大长度，范围为 1~2048，默认为 256

属 性	功 能
过滤器索引	设置默认的过滤器，在为"Filter"属性设定多个值后，系统会按顺序给每个属性值设置一个索引值。设置"FilterIndex"属性之后，和"FilterIndex"属性值相对应的"Filter"属性就会显示在"文件"对话框的"文件类型"列表框中。
取消引发错误	确定单击对话框的 取消 按钮时，是否发出一个错误信息

在以上 9 个选项中，有些选项由系统给出默认值，有些选项需要用户根据需要进行设定。

标志"Flags"的值可以是表 4-9 中两项或多项值相加，例如，6=4+2，它表示同时具备 Flags=2 和 Flags=4 的特性，即对话框中不出现"只读检查"复选框，以及当用户选中磁盘中已存在的文件名时会出现一个消息框，询问用户是否覆盖已有的文件。

表 4-9 "打开/另存为"中的 Flags 值

Flags 值	作 用
1	在对话框中显示"只读检查"复选框
2	保存时如果有同名文件，则弹出消息框，询问是否覆盖原有文件
4	不显示"只读检查"复选框
8	保留当前目录
16	显示"帮助"按钮
256	允许文件有无效字符
512	允许选择多个文件

实训三 编写事件代码

（1）进入代码窗口，在左下拉列表框中选择"通用"，右下拉列表框中选择"声明"，声明窗体级变量 state。

```
Dim state As Integer
```

state 用来作为状态变量，主要在执行"结束"命令时使用。其用法是：

① 如果是下面几种情况之一，就将 state 置为 1。

● 只加载了窗体

● 只打开了文本文件

● 执行了保存操作

这几种情况说明文本文件没有修改，或者修改后已经保存了，所以单击"结束"按钮时可以直接关闭程序。

② 如果修改了文本框的文本，就将其置为"0"。单击"结束"按钮时，会弹出消息框，提醒用户保存已修改内容。

（2）编写 Form_Load 事件代码，初始化 state。

```
Private Sub Form_Load()
```

```
        state = 1
    End Sub
```

（3）编写 Text1_Change 事件代码，文本框的文本改变时触发。

```
    Private Sub Text1_Change()
        state = 0
    End Sub
```

文本框的文本发生了改变，将 state 置为"0"。

（4）编写 cmdOpen_Click 事件代码，弹出"打开"对话框，调出指定文件。

```
    Private Sub cmdOpen_Click()
        CommonDialog1.DialogTitle = "打开文件"
        CommonDialog1.Filter = "txt 文件|*.txt|"
        CommonDialog1.Flags = 1
        CommonDialog1.Action = 1
        Text1.Text = ""
        Open CommonDialog1.FileName For Input As #1
        Do While Not EOF(1)
            Line Input #1, a$
            Text1.Text = Text1.Text + a$ + vbCrLf
        Loop
        Close #1
        state = 1
    End Sub
```

第一、二、三行语句是设置"打开"对话框的属性。因为通用对话框的属性既可以在属性页中设定，也可以在运行时指定（Action 属性除外，需在代码中指定），所以，如果已经在属性页中设置了相关属性，则可以省略这三句。

第四行语句将通用对话框的 Action 属性设为"1"，所以弹出的是"打开"对话框，也可以将这句替换为：

```
        CommonDialog1.ShowOpen
```

第五行语句是在打开文件以前，先将文本框清空。

后面的一组语句是对文件的操作，其中：

Open 语句是以读的方式打开在"打开"对话框中指定的文件，也就是 CommonDialog1.FileName。

EOF() 函数是判断文件指针是否移到文件尾（End Of File）。在打开文件进行操作的过程中，文件指针有可能被移动，当指针被移动到文件末尾时 EOF() 函数返回 True。里面的参数"1"是文件号。

循环语句的含义是：如果文件指针没有遇到文件尾，就每次从文本文件读取一行，连接到文本框中。"vbCrLf"表示回车换行。

Close 语句则关闭打开的文件。

（5）编写 cmdSave_Click 事件代码，打开"保存"对话框，保存指定文件。

```
Private Sub cmdSave_Click()
    CommonDialog1.DialogTitle = "保存文件"
    CommonDialog1.Filter = "txt 文件|*.txt|"
    CommonDialog1.Flags = 1
    CommonDialog1.Action = 2
    Open CommonDialog1.FileName For Output As #1
    Print #1, Text1.Text
    Close #1
    state = 1
End Sub
```

将通用对话框的 Action 属性设为"2"，所以弹出的是"保存"对话框。也可以将这句替换为：

```
CommonDialog1.ShowSave
```

第 5～7 行语句是将文本框的文本写入到"保存"对话框中指定的文件中。

（6）编写 cmdColor_Click 事件代码，打开"颜色"对话框，选择所需的颜色。

```
Private Sub cmdColor_Click()
    CommonDialog1.Action = 3
    Text1.ForeColor = CommonDialog1.Color
End Sub
```

（7）编写 cmdFont_Click 事件代码，打开"字体"对话框，选择所需的字体。

```
Private Sub cmdFont_Click()
    CommonDialog1.Flags = 1
    CommonDialog1. Action = 4
    Text1.FontName = CommonDialog1.FontName
    Text1.FontSize = CommonDialog1.FontSize
    Text1.FontBold = CommonDialog1.FontBold
    Text1.FontItalic = CommonDialog1.FontItalic
    Text1.FontUnderline = CommonDialog1.FontUnderline
    Text1.FontStrikethru = CommonDialog1.FontStrikethru
End Sub
```

（8）编写 cmdEnd_Click 事件代码，执行"结束"操作。

```
Private Sub cmdEnd_Click()
    If    state = 0    Then
        answer = MsgBox("未保存已修改的文本，确实要退出吗？", vbYesNo, "保存提示！")
        If answer = 6 Then
            End
        End If
    Else
```

```
          End
          End If
        End Sub
```

　　如果文本已经修改并且没有保存，就会弹出一个消息框，如图 4-13 所示，如果选择"是"，就结束程序，否则，关闭消息框，返回窗体，让用户先执行"保存"操作。当然，也可以在本段代码中增加实现保存的代码。

　　如果文本未修改或修改后已经保存了，则执行 else 下面的语句，直接退出程序。本项目是一个简化的文本编辑器，还不能保存文本的格式等特性，大家可以尝试扩充其他功能。

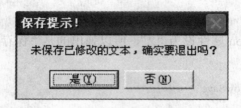

图 4-13　"保存提示！"对话框

项 目 小 结

　　本项目首先介绍了复选框、单选按钮和框架的使用方法，以及通用对话框中字体对话框和颜色对话框的使用方法；在项目实训中介绍了如何使用数组控件来优化程序；最后在项目拓展中介绍了通用对话框中打开对话框和保存对话框的使用，以及文件的基本操作。这些常用控件和通用控件在应用程序中随处可见，因此，对于初学者来说，应该掌握它们的用法。

思 考 与 练 习

一、填空题

1. 复选框的_____属性决定复选框是否被选中。

2. 单选按钮的 Value 属性值若为 True 或-1，表示该按钮_____。

3. 复选框的_____属性值设置为 2-Grayed 时，复选框将变为灰色，禁止用户使用。

4. ActiveX 控件的文件扩展名为_____。

5. 通用对话框(CommonDialog)控件可以分别打开_____、_____、_____、_____、_____、_____。

6. 将通用对话框 Commondialog1 的类型设置成"颜色"对话框，可调用该对话框的_____方法。

7. 窗体中需要使用同一类型，并且操作相同的控件时，可以使用_____数组来简化程序，节省资源。

8．区分控件数组中的每个元素的方法是，利用其_____属性。

9．通用对话框的 Action 属性只能在_____中设置，不能在属性页中设置。

二、选择题

1．复选框的 Value 属性值为 1 时，表示_____。

    A．复选框未被选中   B．复选框被选中

    C．复选框内有灰色的勾   D．复选框操作错误

2．下列控件可以用作其他控件容器的有_____。

    A．窗体，标签，图片框   B．窗体，框架，文本框

    C．窗体，图像，列表框   D．窗体，框架，图片框

3．以下能判断是否到达文件尾的函数是_____。

    A．BOF   B．LOC   C．LOF   D．EOF

4．若要在同一窗体中安排两组单选按钮，则可用_____控件来分组。

    A．文本框   B．框架   C．列表框   D．组合框

三、简答题

1．单选按钮和复选框在使用上有什么区别？

2．什么是 ActiveX 控件？简述添加 ActiveX 控件的步骤。

3．说明在什么情况下选择使用控件数组。

4．框架的作用是什么？

四、编程题

1．设计一个程序，用户界面如图 4-14 所示，由一个标签、一个文本框、四个复选框组成。程序开始运行后，用户在文本框中输入一段文字，然后按需要单击各复选框，用以改变文本的字体、字形、颜色以及大小。

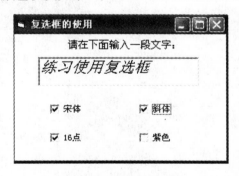

图 4-14 复选框的使用

2．设计一个程序，用户界面由四个单选按钮、一个标签控件和一个命令按钮组成，程序开始运行后，用户单击某个单选按钮，就可将它对应的内容（星期、日期、月份或年份）显示在标签中，用户界面如图 4-15 所示。

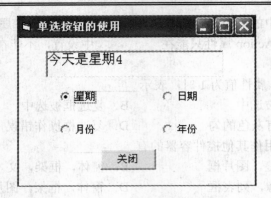

图 4-15　单选按钮的使用

3. 按照如图 4-16 所示界面设计窗体。当单击【显示】按钮时，根据文本框中输入的内容、单选按钮和复选框的状态在标签中显示相应的信息。

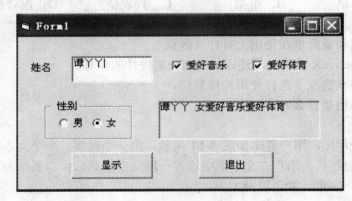

图 4-16　设计界面

项目五 设计商品信息显示系统

在应用程序中当需要向用户提供大量备选项时，若仍然采用前面介绍的单选按钮和复选框时，界面设计工作将会变得繁琐，代码编写的工作量也会变得很大。因此 Visual Basic 为用户提供了列表框与组合框来解决这一问题。

列表框和组合框控件都是通过列表的形式显示多个项目，供用户选择，实现交互操作。列表框仅能为用户提供选择的列表，不能由用户直接输入和修改其中的列表项内容；而组合框控件是文本框和列表框的组合控件。

【项目要求】开发一个商品信息显示系统，窗体设计如图 5-1 所示，选择一种商品类别，然后选择某类商品系列，单击【查询商品信息】按钮后，如图 5-2 所示，显示所选商品详细信息。

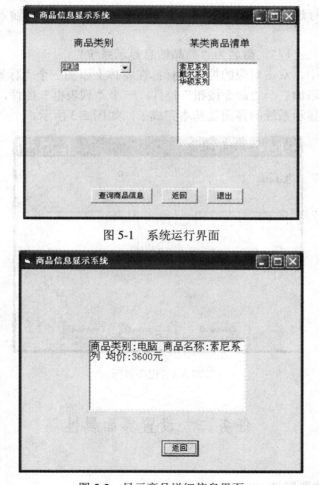

图 5-1　系统运行界面

图 5-2　显示商品详细信息界面

【学习目标】

◇ 熟悉"列表框"、"组合框"控件的属性设置

◇ 掌握"列表框"、"组合框"控件的基本操作

◇ 掌握"列表框"、"组合框"控件的常用方法、事件及其使用方法

任务一　创建用户界面

【基础知识】

1. 列表框

列表框在工具箱中的名称为 ListBox。在工具箱中的图标为▤▤，该控件为用户提供选项列表，用户可以从列表中选择一项或多项，被选中的列表项会反白显示。

2. 组合框

组合框在工具箱中的名称为 ComboBox。在工具箱中的图标为▤▤，它可以像列表框一样，让用户通过鼠标选择所需要的项目，也可以像文本框一样，用输入的方式选择项目。

【操作步骤】

（1）新建一个"工程"，命名为"商品信息显示系统"。

（2）在工具箱中，双击对应的控件图标；在窗体上添加三个"标签"控件。

（3）在窗体上添加三个"命令按钮"控件；一个"列表框"控件，一个"组合框"控件。这时商品信息显示系统的界面就基本完成了，如图 5-3 所示。

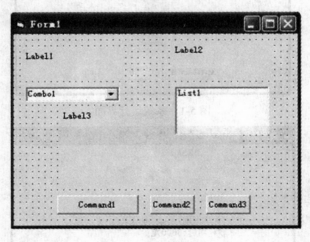

图 5-3　程序界面

任务二　设置界面属性

【基础知识】

1. 列表框的主要属性

（1）"List"属性

作用：返回或设置列表框的列表项目。在设计时可以在属性窗口中直接输入列表项目。

说明：输入每一项后使用【Ctrl+Enter】组合键换行。类型为字符型数组，存放列表框的项目数据，下标是从 0 开始的。运行时，引用列表框中的第一项为 List(0)、第二项为 List(1)。

（2）"Style"属性。

作用：返回或设置列表框的显示样式。

说明：该属性的取值有 2 个。

0——Standard：表示列表项按照传统的标准样式显示列表项，为默认取值。

1——Checked：表示列表项的每一个文本项的旁边都有一个复选框，这时在列表框中可以同时选择多项。

（3）"Columns"属性。

作用：返回或设置列表框列数。

说明：该属性的取值。

0：表示列表框为垂直滚动的单列显示，为默认取值。

取值≥1：表示列表框为水平滚动形式的多列显示，显示的列数由 Columns 值决定。

（4）"Text"属性。

作用：返回或设置列表框被选择的项目。

说明：为字符串型只读属性：如果列表框名称为 List1，则 List1.Text 的值总是与 List1.List(List1.ListIndex)的值相同。

（5）"ListIndex"属性。

作用：返回或设置列表框中当前选中的项目索引。

说明：在设计时不可用，设置值为整型值，列表框的索引从 0 开始，也就是第一项索引为 0，第二项索引为 1。如果没有项目选中时，ListIndex 值为-1。对于可以做多项选择的列表框，如果同时选择了多个项目，ListIndex 的返回值为所选项目的最后一项的索引。

（6）"ListCount"属性。

作用：返回列表框中项目的总数。

（7）"Sorted"属性。

作用：返回一个逻辑值，指定列表项目是否自动按照字母表顺序排序。

说明：该属性只能在设计时设置，不能在程序代码中设置。

True：列表框控件或组合框控件的项目自动按字母表顺序排序。

False：项目按加入的先后顺序排列显示，该值为默认属性值。

（8）"Selected"属性。

作用：返回或设置列表框控件中的一个项目的选择状态。

说明：该属性是一个逻辑类型的数组，数组元素个数与列表框中的项目数相同，其下标的变化范围与 List 属性相同。例如：List1.Selected(3)=True 表示列表框 List1 的第 4 个项目被选中，此时 ListIndex 的值设置为"0"。

（9）"MultiSelect"属性。

作用：用于指示是否能够在列表框控件中进行复选以及如何进行复选。

说明：属性取值。

　　0-None：为默认值，表示不允许复选。

　　1-Simple：简单复选。鼠标单击或按下空格键在列表中选中或取消选中项，使用箭头键移动焦点。

　　2-Extended：扩展复选。按下【Shift】键并单击鼠标将在以前选中项的基础上扩展选择到当前选中项。按下【Ctrl】键并单击鼠标在列表中选中或取消选中项。

　　（10）"SelCount"属性。

　　说明：其值表示在列表框控件中所选列表项的数目，只有在 MultiSelect 属性值设置为 1（Simple）或 2（Extended）时起作用，通常与 Selected 属性一起使用，用以处理控件中的所选项目。

2. 组合框的主要属性

由于组合框是文本框和列表框的组合，因此列表框的属性组合框基本上都有，除此之外，组合框还有一些特殊属性。

　　（1）"Style"属性。

它是组合框的一个重要属性，它决定了组合框 3 种不同的类型。其取值为：

0-Dropdown：下拉式组合框，为默认取值，可以直接输入新的选项，能够在列表中选择。

1-Simple Combo：简单组合框，可以直接输入新的选项，能够在列表中选择。

2-Dropdown List：下拉式列表框，不能直接输入新的选项，能够在列表中选择。

　　（2）"Text"属性。

它是用户所选择的项目的文本或直接从编辑区输入的文本。

按照表 5-1 设置商品信息显示系统界面属性。

表 5-1　"商品信息显示系统"界面属性设置

"名称"	"Caption"	"Style"	"BorderStyle"	"BackColor"
Form1	商品信息显示系统		0	
Label1	商品类别		0	
Label2	某类商品清单		0	
Label3	（空）		1	&H00FFFFFF&
Command1	查询商品信息			
Command2	返回			
Command3	退出			
Combo1	（空）	0		
List1	List1	0		

【操作步骤】

（1）选中"窗体"控件，然后单击"属性窗口"的"Caption"属性，单击"Caption"右边一栏，删除"Form1"，再输入"商品信息显示系统"。

（2）选中"Label1"控件，在"属性"窗口中选择"Caption"属性，单击"Caption"右边一栏，删除"Label1"，再输入"商品类别"。

（3）按照步骤（2）设置其余标签的"Caption"属性，"Label3"控件的"BorderStyle"属性的值设置为"1"（有边框），"Backcolor"属性的值为"&H00FFFFFF&"。

（4）选中"Combo1"控件，在"属性"窗口中选择"Style"属性，值为"0"。

（5）选中"Command1"控件，在"属性"窗口中选择"Caption"属性，在右边一栏输入"查询商品信息"。

（6）按照步骤（5）的方法，分别设置其他命令按钮的"Caption"属性。

（7）最后的设置结果如图 5-4 所示。

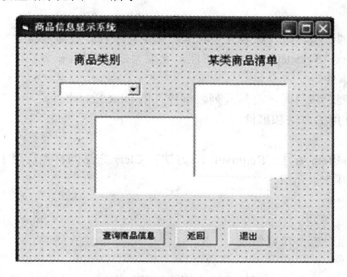

图 5-4 界面属性设置效果

任务三 编写事件代码

前面创建了程序的用户界面，设置了控件属性，要实现程序的功能，接下来就需要为它编写代码了。

【基础知识】

1. 列表框常用的方法和事件

（1）方法。

● AddItem 方法

作用：用于将新的项目添加到列表框控件中。

格式：<对象名>.AddItem Item[, Index]

说明：其中 Item 为字符串表达式，表示要加入的项目。Index 决定新增项目的位置。如果 Sorted 属性值为 True，则将 Item 项目添加到适当的位置；如果 Sorted 属性值为 False，则添加在最后。

● RemoveItem 方法

作用：用于从列表框控件删除一个列表项。

格式：<对象名>.RemoveItem Index

说明：Index 参数用于指定要删除的项目位置（索引号）。

● Clear 方法

作用：用于清除列表框控件中的所有项目。

格式：<对象名>.Clear

例如：要删除列表框（List1）中所有项目，可使用 List1.Clear。

（2）事件。

● Click 事件

当单击某一列表项目时，将触发列表框的 Click 事件。该事件发生时系统会自动改变列表框的 ListIndex、Selected、Text 等属性，无须另外编写代码。

● DblClick 事件

当双击某一列表项目时，将触发列表框控件的 DblClick 事件。

2．组合框常用的方法和事件

（1）方法。

列表框的 AddItem 方法、RemoveItem 方法和 Clear 方法同样也适用于组合框，用法也相同。这里就不再一一介绍。

（2）事件。

● Click 事件。

三种类型的组合框都可以触发。

● Change 事件

当用户通过键盘输入改变下拉式组合框或简单组合框控件的文本框部分的正文，或者通过代码改变 Text 属性的设置时，将触发其 Change 事件。

● DropDown 事件

当用户按下下拉组合框和下拉式列表框右侧的向下箭头打开下拉列表时将触发 DropDown 事件。

【操作步骤】

（一）程序初始化设置

"Label3" 用来在程序运行时显示用户所选中的商品的信息，在运行开始时 "Label3" 设置为 "不可见"，在运行开始后在窗体左部的 "Combo1" 列表框中显示出商品的大类名称，并将 "返回" 命令按钮隐藏。

（1）在 "工程管理器" 窗口中双击 "Form1"，在 "窗体设计器" 窗口中出现 "商品信息显示系统" 的主界面。

（2）在 "商品信息显示系统" 的主界面中双击 "窗体"，屏幕上会出现 "代码编辑器" 窗口，编写如下 Form_Load 事件代码：

```
Private Sub Form_Load()
    Label3.visible=False
    Combo1.AddItem "电脑"
    Combo1.AddItem "手机"
End Sub
```

（二）为"列表框"控件添加列表项

当用户从【Combo1】中选中了某一类商品时，触发 Combo1_Click()事件过程，应该在【List1】中显示出该类产品的产品系列。Combo1 _Click()事件过程的代码如下：

```
Private Sub Combo1_Click()
    Select Case Combo1.Text
        Case "手机"
            List1.Clear
            List1.AddItem "NOKIA 系列"
            List1.AddItem "索尼爱立信系列"
            List1.AddItem "摩托罗拉系列"
        Case "电脑"
            List1.Clear
            List1.AddItem "索尼系列"
            List1.AddItem "戴尔系列"
            List1.AddItem "华硕系列"
    End Select
End Sub
```

（三）为"显示产品信息"命令按钮添加代码

当用户选择了某类商品系列后，并单击"显示产品信息"（Command1）命令按钮，则触发 Command1_Click 事件过程，在"Lable3"控件中显示某一品牌商品系列的详细信息。

（1）编写两个自定义过程。

根据用户从 Combo1 组合框选择的大类产品名，分别调用有关过程。如果选择的是"手机"，则调用 mobile()过程，实现在"Lable3"控件中显示所选手机系列的详细信息。如果选择的是"电脑"，则调用 computer()过程，实现在"Lable3"控件中显示所选电脑系列的详细信息。

① 编写如下 mobile()过程代码：

```
Private Sub mobile()
    Select Case List1.List(List1.ListIndex)
        Case "NOKIA 系列"
            Label3.Caption = "商品类别:" + Combo1.Text + " 商品名称:" + List1.List(List1.ListIndex)
            + " 均价:" + "5200 元"
        Case "索尼爱立信系列"
            Label3.Caption = "商品类别:" + Combo1.Text + " 商品名称:" + List1.List(List1.ListIndex)
```

```
        + " 均价:" + "4000 元"
            Case "摩托罗拉系列"
                Label3.Caption = "商品类别:" + Combo1.Text + " 商品名称:" + List1.List(List1.ListIndex)
        + " 均价:" + "3800 元"
        End Select
    End Sub
```

② 编写如下 computer()过程代码:

```
    Private Sub computer()
        Select Case List1.List(List1.ListIndex)
            Case "索尼系列"
                Label3.Caption = "商品类别:" + Combo1.Text + " 商品名称:" + List1.List(List1.ListIndex)
        + " 均价:" + "3600 元"
            Case "戴尔系列"
                Label3.Caption = "商品类别:" + Combo1.Text + " 商品名称:" + List1.List(List1.ListIndex)
        + " 均价:" + "4000 元"
            Case "华硕系列"
                Label3.Caption = "商品类别:" + Combo1.Text + " 商品名称:" + List1.List(List1.ListIndex)
        + " 均价:" + "5000 元"
        End Select
    End Sub
```

（2）单击"查询商品信息"（Command1）按钮，调用自定义过程，实现显示商品的详细信息的功能，在 Command1 _Click()事件过程中编写下面的代码:

```
    Private Sub Command1_Click()
        Label3.Visible = True
        Combo1.Visible = False
        List1.Visible = False
        Command1.Visible = False
        Command2.Visible = False
        Label1.Visible = False
        Label2.Visible = False
        If Combo1.Text = "手机" Then mobile
        If Combo1.Text = "电脑" Then computer
    End Sub
```

（四）为"返回"按钮添加代码

单击"返回"（Command2）按钮，返回到初始窗口。在 Command2_Click()事件过程中编写如下代码:

```
    Private Sub Command2_Click ( )
        Label3.Visible = False
        Combo1.Visible = True
```

```
            List1.Visible = True
            Command1.Visible = True
            Command2.Visible = True
            Label1.Visible = True
            Label2.Visible = True
        End Sub
```

（五）为"退出"按钮添加代码

在 Command3_Click()事件过程中编写如下代码：

```
        Private Sub Command3_Click()
            End
        End Sub
```

项目实训　开发一个员工信息录入程序

利用组合框编写一个能够完成录入员工姓名的程序，录入姓名后直接按【Enter】键或单击【确定】按钮就可以将姓名添加到组合框中，界面如图 5-5 所示。当双击组合框某项目可以删除该项目，单击【退出】按钮则显示输入员工的人数，界面如图 5-6 所示。

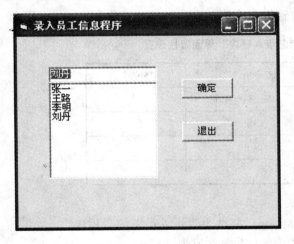

图 5-5　程序运行界面

图 5-6　"显示员工的人数"对话框

实训一　创建用户界面

下面介绍如何创建员工信息录入程序界面。

【操作步骤】

（1）新建一个工程，命名为"使用组合框"。

（2）向窗体添加一个"组合框"控件和两个"命令按钮"控件。

（3）创建员工信息录入程序界面，如图 5-7 所示。

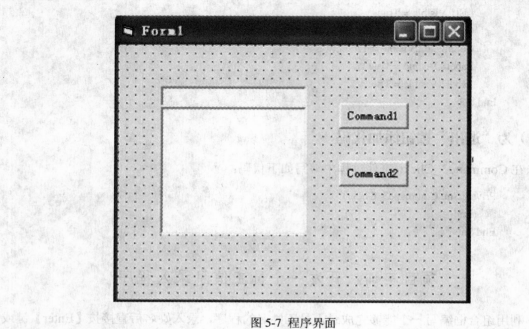

图 5-7 程序界面

实训二　设置界面属性

"员工信息录入程序"界面的属性设置见表 5-2。

表 5-2　"员工信息录入程序"界面属性设置

"名称"	"Caption"	"Style"
Form1	录入员工信息程序	
Command1	确定	
Command2	退出	
Combo1		1

【操作步骤】

（1）设置窗体"Form1"控件的"Caption"属性为"录入员工信息程序"。

（2）设置组合框"Combo1"控件的"Style"属性值为"1"。

（3）设置"Command1"控件的"Caption"属性为"确定"，设置"Command2"控件的"Caption"属性值为"退出"。

（4）最后的设置效果如图 5-8 所示。

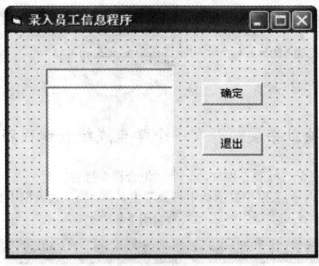

图 5-8　界面属性设置效果

实训三　编写事件代码

（1）在 Combo1_DblClick()中编写代码，实现删除员工信息的功能。

```
Private Sub Combo1_DblClick()
    Combo1.RemoveItem Combo1.ListIndex
End Sub
```

（2）在 Combo1_KeyPress 中编写代码，实现按下【Enter】键添加员工信息的功能。

```
Private Sub Combo1_KeyPress(KeyAscii As Integer)
    If KeyAscii = 13 Then
        Combo1.AddItem Combo1.Text
        Combo1.SetFocus
    End If
End Sub
```

（3）在 Command1_Click()中编写代码，实现按下【确定】按钮添加员工信息的功能。

```
Private Sub Command1_Click()
    Combo1.AddItem Combo1.Text
    Combo1.SetFocus
End Sub
```

【知识链接】

　　组合框的 KeyPress 事件，此事件当用户按下和松开一个 ANSI 键时发生，一个 KeyPress 事件可以引用任何可打印的键盘字符，一个来自标准字母表的字符或少数几个特殊字符之一的字符与【Ctrl】键的组合，以及【Enter】或【Backspace】键。参数 KeyAscii 可以返回一个标准数字 ASCII 码的整数，返回值是 "13" 时，表示用户按下了【Enter】键。

　　（4）在 Command2_Click()中编写代码，实现员工人数的统计及其退出系统。

```
Private Sub Command2_Click()
    Combo1.Text = ""
    MsgBox "您输入的员工人数为" + Str(Combo1.ListCount) + "人"
    End
End Sub
```

项目拓展　开发一个学生成绩查询程序

在窗体上添加三个"标签"控件，一个"组合框"控件，一个"列表框"控件，在组合框中显示班级名称，列表框中显示选中班级学生名单，当从列表框中选择学生的名字时，该学生的成绩将显示在文本框中。运行效果如图 5-9 所示。

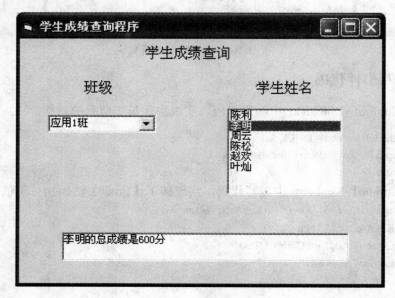

图 5-9　程序运行界面

任务一　创建用户界面

【操作步骤】

（1）新建一个工程，命名为"学生成绩查询"。

（2）向窗体添加三个"标签"控件，一个"组合框"控件和一个"列表框"控件。

（3）"学生成绩查询程序"的界面如图 5-10 所示。

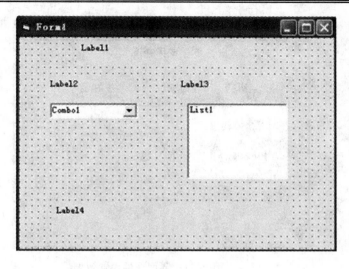

图 5-10　程序界面

任务二　设置控件属性

"学生成绩查询程序"界面属性的设置见表 5-3。

表 5-3　"学生成绩查询程序"界面属性设置

"名称"	"Caption"	"List"	"BorderStyle"	"BackColor"	"Style"
Form1	学生成绩查询程序				
Label1	学生成绩查询				
Label2	班级				
Label3	学生姓名				
Label4			1	&H00FFFFFF&	
List1					0
Combo1		应用 1 班			0

【操作步骤】

（1）设置窗体"Form1"控件的"Caption"属性为"学生成绩查询程序"。

（2）设置组合框"List1"控件的"Style"属性的值为"0"。设置"Combo1"控件的"Style"属性值为"0"，输入"List"属性的值为"应用 1 班"、"应用 2 班"。

（3）设置"Label1"控件的"Caption"属性的值为"学生成绩查询"。设置"Label2"控件的"Caption"属性的值为"班级"，设置"Label3"控件的"Caption"属性的值为"学生姓名"。设置"Label4"控件的"BorderStyle"属性的值为"1"，设置"BackColor"属性的值为"&H00FFFFFF&"。

（4）最后的设置结果如图 5-11 所示。

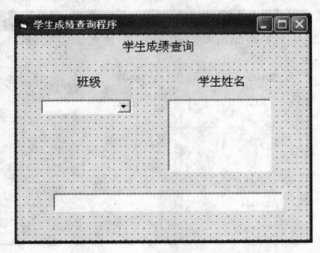

图 5-11　界面属性设置效果

任务三　编写事件代码

（1）在 Combo1_Click()中编写事件代码，实现学生姓名和成绩的添加功能。

```
Private Sub Combo1_Click()
  Select Case Combo1.Text
    Case "应用 1 班"
      List1.Clear
      List1.AddItem ("陈利")
      List1.ItemData(List1.NewIndex) = 85
      List1.AddItem ("李明")
      List1.ItemData(List1.NewIndex) = 90
      List1.AddItem ("周云")
      List1.ItemData(List1.NewIndex) = 63
      List1.AddItem ("陈松")
      List1.ItemData(List1.NewIndex) = 70
      List1.AddItem ("赵欢")
      List1.ItemData(List1.NewIndex) = 47
      List1.AddItem ("叶灿")
      List1.ItemData(List1.NewIndex) = 92
    Case "应用 2 班"
      List1.Clear
      List1.AddItem ("吴强")
      List1.ItemData(List1.NewIndex) = 98
      List1.AddItem ("李双")
      List1.ItemData(List1.NewIndex) = 76
      List1.AddItem ("秦小玲")
      List1.ItemData(List1.NewIndex) = 71
      List1.AddItem ("黄芳")
```

```
            List1.ItemData(List1.NewIndex) = 65
            List1.AddItem ("周峰")
            List1.ItemData(List1.NewIndex) = 53
            List1.AddItem ("龙心")
            List1.ItemData(List1.NewIndex) = 92
      End Select
    End Sub
```

（2）在 Combo1_Click()中编写事件代码，实现所选学生成绩的查询功能。

```
  Private Sub List1_Click()
      Label4.Caption = List1.List(List1.ListIndex) & "的成绩是" & List1.ItemData(List1.ListIndex) & "分"
  End Sub
```

【知识链接】

列表框的 ItemData 属性，可使组合框或列表框中的每个数据项都与一个指定编号相联系，然后可以在程序中使用这些编号来标识列表中的各个数据项。NewIndex 属性的作用是跟踪添加到列表框中最后一个列表项的索引。

项 目 小 结

本项目完成了商品显示系统的开发设计，通过这个项目的开发，我们掌握了"列表框"、"组合框"控件的基本操作以及主要属性、方法和事件的运用。

思考与练习

一、选择题

1. 若要多列显示列表项，则可通过设置列表框对象的（   ）属性来实现。
   - A．Columns
   - B．MultiSelect
   - C．Style
   - D．List
2. 若要设置列表框的选择方式，则可通过设置（   ）属性来实现。
   - A．Columns
   - B．MultiSelect
   - C．Style
   - D．List
3. 若要获知当前列表项的数目，则可通过访问（   ）属性来实现。
   - A．List
   - B．ListIndex
   - C．ListCount
   - D．Text
4. 若要向列表框新增列表项，则可使用的方法是（   ）。
   - A．Add
   - B．Remove
   - C．Clear
   - D．AddItem
5. 若要清除列表框的内容，则可使用（   ）方法来实现。
   - A．Add
   - B．Remove
   - C．Clear
   - D．AddItem
6. 组合框的风格可通过（   ）属性来设置。
   - A．BackStyle
   - B．BorderStyle
   - C．Style
   - D．Sorted

二、填空题

1. 组合框是_____和_____的组合控件。

2．列表框在工具箱中的名称为_____。

3．列表框的_____属性返回或设置列表框控件中的一个项目的选择状态。

4．列表框的_____属性返回或设置列表框的列表项目。

5．创建一个简单组合框，"Style"属性的值设置为_____。

三、编程题

1．在窗体上添加两个列表框控件和两个标签控件，一个命令按钮，当启动程序后，在左边列表框中选中的旅游城市，单击按钮添加到右边的列表框，如图 5-12 所示。

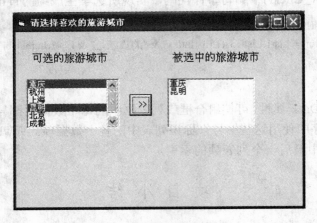

图 5-12　程序运行界面

2．设计一个简单的报名系统程序，要求界面如图 5-13 所示，从文本框中输入学生姓名，在"班级"旁边的组合框中选择其所属班级（提供 4 种默认班级：计算机应用 2007、计算机网络 2007、计算机软件 2007），然后将学生姓名和班级添加到列表框中。用户可以删除列表框中选择的项目，也可以把整个列表框清空。

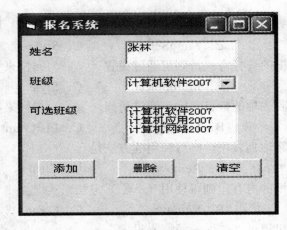

图 5-13　程序运行界面

项目六　设计各国城市时间显示程序

Visual Basic 6.0 提供了定时器（Timer）或称计时器的控件。该控件用于在一定的时间间隔中周期性地定时执行某项操作，如倒计时、动画等。用户可以通过该控件使用系统时钟来计时，也可以自己定制一个时间间隔，在每一个时间间隔内触发一个计时器事件。

在应用程序中，可以使用图片框和图像框控件美化界面和增加界面的趣味性，图片框和图像框用于在窗体的指定位置显示图形信息。图片框适用于动态环境；而图像框适用于静态情况，即不需要修改的位图（.Bitmap）、图标（Icon）、Windows 元文件（Metafile）、图形文件（.GIF）和静态图像（.JPEG）。

【项目要求】开发一个各国城市时间显示程序，窗体设计如图 6-1 所示，在系统中，显示世界不同城市的当前时间，每秒钟时间变化一次，并显示对应的城市图片。

图 6-1　系统运行界面

【学习目标】
- ✧ 掌握"图像框"控件的常用属性、方法和事件
- ✧ 掌握"图片框"控件的常用属性、方法和事件
- ✧ 掌握"计时器"控件的常用属性、方法和事件

任务一　创建用户界面

【基础知识】
1．定时器

定时器在工具箱中的名称为 Timer，在工具箱中的图标为 ◎。该控件用于在一定的时间间隔中周期性地定时执行某项操作，它独立于用户，运行时不可见。

2．图片框控件

图片框（PietureBox）在工具箱中的图标为 ◪，不仅可以显示图形，而且可以绘制图形、显示文本或数据，还经常被用作其他控件的容器。

3. 图像框控件

图像框（ImageBox）在工具箱中的图标为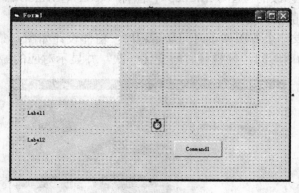，主要用于在窗体的指定位置显示图形信息。Visual Basic 6.0 支持.bmp、.ico、.wmf、.emf、.jpg、.gif 等格式的图形文件。由于图像框比图片框占用的内存少，显示速度快。因此，在用图片框和图像框都能满足需要的情况下，应优先考虑使用图像框。

【操作步骤】

（1）新建一个"工程"，命名为"各国城市时间显示程序"。

（2）在工具箱中，双击对应的控件图标；在窗体上添加一个"组合框"控件；一个"命令按钮"控件；两个"标签框"控件；一个"图像框"控件；一个"定时器"控件。这时各国城市时间显示程序的界面就基本完成了，如图 6-2 所示。

图 6-2　程序界面

任务二　设置界面属性

【基础知识】

1. 定时器的常用属性

（1）"Interval"属性。

作用：用于设置定时器触发其定时（Timer）事件发生的时间间隔。

说明：该属性是一个整型值，可取值的范围是 0～65535，以毫秒为单位。

（2）"Enabled"属性。

作用：用于设置定时器可用性。

说明：该属性的取值有 2 个，分别为：

True：使时钟控件有效，即计时器开始工作（以 Interval 属性大于 0 为前提，此时以 Interval 属性值为间隔触发 Timer 事件）。

False：使时钟控件无效，即计时器停止工作。

2. 图片框常用属性

（1）"Picture"属性。

作用：存储要在图片框中显示的图形。

说明：可以在设计时从属性窗口或者运行时通过代码来设置。通过代码设置时，要调用 LoadPicture 函数，可以显示的图形类型有位图文件(.bmp)、图标文件(.ico)、Windows 元文件(.wmf)、jpeg 文件以及 gif 文件等。

语句格式如下：

> [对象]．Picture=LoadPicture([filename])

例如：

> picBmp.Picture=LoadPicture("c:\sample\sample.bmp")

（2）"Align" 属性。

作用：设置图片框在窗体中的显示方式。

设置值如下：

0—None：默认设置。图片框无特殊显示。

1—Align Top：图片框与窗体一样宽，并位于窗体顶端。

2—Align Botton：图片框与窗体一样宽，并位于窗体底端。

3—Align Left：图片框与窗体一样高，并位于窗体左端。

4—Align Right：图片框与窗体一样高，并位于窗口右端。

（3）"AutoSize" 属性。

作用：决定控件是否自动改变大小以显示图像全部内容。如果要使图片框能够根据图形大小来自动调整，那么应将 "AutoSize" 属性设为 True。

3．图像框的常用属性

图像框与图片框一样，可以在属性窗口通过设置 Image 控件的 "Picture" 属性来添加图像，也可以在代码中使用 LoadPicture 函数进行图像的添加或清除。Image 控件比 PictureBox 控件占用较少的系统资源，所以实现起来比 PictureBox 控件要快。下面介绍的是图像框控件特有的 "Stretch" 属性：

作用：决定图片是否可以伸缩。

说明：有 2 个取值，分别为：

True：将自动放大或缩小图像框中的图形以与图像框的大小相适应。

False：按照给定图像的大小输出图形。

按照如表 6-1 所示设置 "各国城市时间显示程序" 界面属性。

表 6-1 "各国城市时间显示程序" 界面属性设置

"名称"	"Caption"	"Style"	"Stretch"	"BorderStyle"	"Interval"	"BackColor"
Form1	各国城市时间显示程序			0		
Label1				0		
Label2				1		&H00FFFFFF&

续表

"名称"	"Caption"	"Style"	"Stretch"	"BorderStyle"	"Interval"	"BackColor"
Image1			True			
Timer1					1000	
Combo1	Combo1	1				
Command1	退出					

【操作步骤】

（1）选中"窗体"控件，然后单击"属性窗口"的"Caption"属性，单击"Caption"右边一栏，删除"Form1"，再输入"各国城市时间显示程序"。

（2）选中"Label1"控件，在"属性"窗口中选择"Caption"属性，单击"Caption"右边一栏，删除"Label1"。

（3）按照步骤（2）设置"Label2"控件的"Caption"属性，选择"BorderStyle"属性，设置值为"1"，选择"BackColor"属性，设置值为"&H00FFFFFF&"。

（4）选中"Combo1"控件，在"属性"窗口中选择"Style"属性，设置值为"1"。

（5）选中"Image1"控件，在"属性"窗口中选择"Stretch"属性，设置值为"True"。

（6）选中"Command1"控件，在"属性"窗口中选择"Caption"属性，在右边一栏输入"退出"。

（7）选中"Timer1"控件，在"属性"窗口中选择"Enabled"属性，设置值为"True"，选择"Interval"属性，设置值为"1000"。

（8）最后的设置效果如图 6-3 所示。

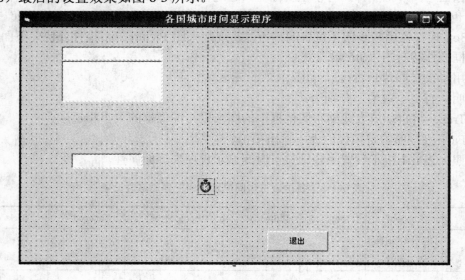

图 6-3　界面属性设置效果

任务三 编写事件代码

前面创建了程序的用户界面，设置了控件属性，要实现程序的功能，接下来就需要为它编写代码了。

【基础知识】

1. 定时器常用的事件

Timer 事件：时钟控件只支持 Timer 事件。在"Enabled"属性为 True 的前提下，每当经过一个"Interval"属性所设定的时间间隔就触发一次 Timer 事件。如设定"Inteval"属性值为 3000，即控件将每隔 3 秒触发一次 Timer 事件。

2. 图像框和图片框常用的事件

可以触发 Click（单击）事件和 DblClick（双击）事件。

【操作步骤】

（一）程序初始化设置

在程序运行时，窗体左部的"Combo1"中显示可选择的城市名，在窗体右部的"Image1"中显示所选城市的图片，相应的代码在 Form_Load 事件过程中编写。

（1）在"工程管理器"窗口中双击"Form1"，在"窗体设计器"窗口中出现"各国城市时间显示程序"的主界面。

（2）在"各国城市时间显示程序"的主界面中双击"窗体"，屏幕上会出现"代码编辑器"窗口，编写 Form_Load 事件代码：

```
Private Sub Form_Load()
        Combo1.AddItem "北京"
        Combo1.AddItem "香港"
        Combo1.AddItem "纽约"
        Combo1.AddItem "巴黎"
        Image1.Picture = LoadPicture("f:\vb1\hongkang.bmp")
End Sub
```

（二）为计时器事件添加代码并调用 clock 自定义过程

"Label1"用来在程序运行时显示所选城市，在运行开始时"Label2"用来显示所选城市的当前时间，当用户从"Combo1"中选中了某城市时，应该在"Label2"中显示出所选城市的当前时间，在"Image1"中显示所选城市的图片，相应的代码应在 Timer1_Timer() 事件过程中编写同时使用 clock 自定义过程计算各国城市的当前时间。

（1）创建 clock 自定义过程，代码如下：

```
Private Sub clock(dt)
        t$ = Time$
        hr = Val(Left(t$, 2)) + dt
```

```
            If hr >= 24 Then hr = hr-24
            t1$ = Str$(hr)
            t2$ = Mid$(t$, 3, 6)
            Label2.Caption = t1$ + t2$
        End Sub
```

（2）在 Timer1_Timer()事件过程中编写下面的代码：

```
        Private Sub Timer1_Timer()
            Select Case Combo1.Text
                Case "北京"
                    Label1.Caption = "北京时间:"
                    Image1.Picture = LoadPicture("f:\vb1\beijin.bmp")
                    clock (0)
                Case "香港"
                    Label1.Caption = "香港时间:"
                    Image1.Picture = LoadPicture("f:\vb1\hongkang.bmp")
                    clock (0)
                Case "纽约"
                    clock (11)
                    Label1.Caption = "纽约时间:"
                    Image1.Picture = LoadPicture("f:\vb1\niuyue.bmp")
                Case "巴黎"
                    clock (-6)
                    Label1.Caption = " 巴黎时间:"
                    Image1.Picture = LoadPicture("f:\vb1\pairs.bmp")
            End Select
        End Sub
```

项 目 实 训

实训一　设计闹钟程序

在窗体中添加三个标签，一个文本框，一个"设置闹钟时间"命令按钮，一个"关闭闹钟"命令按钮。标签分别用于显示文字、系统当前时间，单击【设置闹钟时间】按钮，用户可在文本框中设置闹钟时间，闹钟的声音为蜂鸣声，单击【关闭闹钟】按钮，可关闭闹钟。界面如图 6-4 所示。

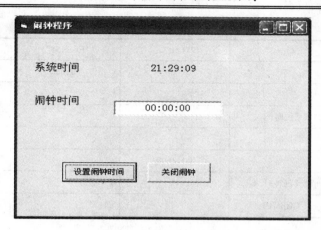

图 6-4　程序运行界面

1．创建用户界面

【操作步骤】

（1）新建一个工程，命名为"闹钟程序"。

（2）向窗体添加三个"标签"控件，两个"命令按钮"控件，一个"文本框"控件，一个"定时器"控件。

（3）最后创建的闹钟程序界面如图 6-5 所示。

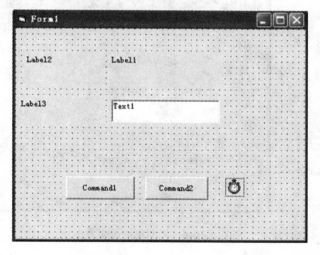

图 6-5　程序界面

2．设置界面属性

"闹钟程序"界面属性的设置见表 6-2。

表 6-2　"闹钟程序"界面属性设置

"名称"	"Caption"	"Text"	"Enabled"	"Interval"
Form1	闹钟程序			

续表

"名称"	"Caption"	"Text"	"Enabled"	"Interval"
Timer1			True	1000
Label1				
Label2	系统时间			
Label3	闹钟时间			
Text1		00:00:00		
Command1	设置闹钟时间			
Command2	关闭闹钟			

【操作步骤】

（1）设置"Label2"控件的"Caption"属性的值为"系统时间"，设置"Label3"控件的"Caption"属性的值为"闹钟时间"，设置"Text1"控件的"Text"属性的值为"00:00:00"。

（2）设置"Timer1"控件的"Enabled"属性的值为 True，"Interval"属性的值为"1"。设置"Command1"控件的"Caption"属性的值为"设置闹钟时间"。设置"Command2"控件的"Caption"属性的值为"关闭闹钟"。

（3）最后的界面属性设置效果如图 6-6 所示。

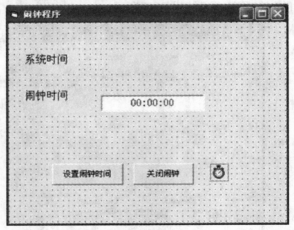

图 6-6　界面属性设置效果

3. 编写事件代码

（1）在 Command1_Click()中编写代码，让文本框获得焦点。

```
Private Sub Command1_Click()
    Text1.SetFocus
End Sub
```

（2）在 Command2_Click()中编写代码，设置标志位 f 的初始值为 0。

```
Private Sub Command2_Click()
```

```
        f = 0
    End Sub
```

3）在 Command3_Click()中编写代码，实现闹钟程序的功能。

```
Private Sub Timer1_Timer()
    Label1.Caption = Time
    If    Label1.Caption = Text1.Text        Then
        f = 1
    End If
    If   f = 1 Then
        Beep'            蜂鸣声
    End If
End Sub
```

实训二 设计定时关机程序

在窗体上添加一个"标签框"控件，一个"文本框"控件，一个"定时器"控件，一个"命令按钮"控件，在标签框中显示文本，文本框中显示关机时间，当设置完关机时间，并按下【确定】按钮后，程序开始运行，到达关机时间时，系统自动关机，如图 6-7 所示。

1. 创建用户界面

【操作步骤】

（1）新建一个工程，命名为"关机程序"。

（2）向窗体添加一个"标签框"控件，一个"文本框"控件，一个"定时器"控件，一个"命令按钮"控件。

（3）最后创建的程序界面效果如图 6-8 所示。

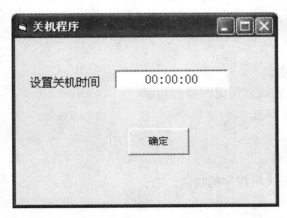

图 6-7 程序运行界面

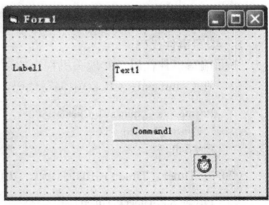

图 6-8 程序界面

2. 设置界面属性

"定时关机程序"界面属性的设置见表 6-3。

表 6-3　　"定时关机程序"界面属性设置

"名称"	"Caption"	"Text"	"Enabled"	"Interval"
Form1	关机程序			
Timer1			False	1000
Label1	设置关机时间			
Text1		00:00:00		
Command1	确定			

【操作步骤】

（1）设置窗体"Form1"控件的"Caption"属性值为"关机程序"。

（2）设置标签框"Label1"控件的"Caption"属性值为"设置关机时间"。

（3）设置文本框"Text1"控件的"Text"属性值为"00：00：00"。

（4）设置命令按钮"Command1"控件的"Caption"属性值为"确定"。

（5）设置定时器"Timer1"控件的"Enabled"属性值为"Flase"，设置"Interval"属性值为"1000"。

（6）最后的设置效果如图 6-9 所示。

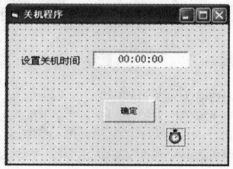

图 6-9　界面属性设置效果

3．编写事件代码

下面编写事件代码，实现关机程序的功能。

（1）在 Command1_Click()中编写代码，实现启用定时器的功能。

```
Private Sub Command1_Click()
    Timer1.Enabled = True
End Sub
```

（2）在 Timer1_Timer()中编写代码，实现关机程序的功能。

```
Private Sub Timer1_Timer()
    If Time = Text1.Text Then        'Time 为系统时间
        Shell "shutdown -S -t 0"     '在 0 秒之后强制关机
    End If
End Sub
```

【知识链接】

使用 API 函数 "shutdown" 实现自动关机，参数-S 表示强制关机，参数表示系统倒记时关机时间-t，例如：-t 后的值为 10，则表示 10 秒后关机。

项目拓展 编写一个抽奖程序

在启动程序后，单击【开始】按钮，抽奖开始，定时器自动启动，一个标签框显示抽奖过程中随机产生 1～21 的滚动数字，当在 5 个标签框中分别显示中奖号时，关闭定时器控件，抽奖结束。程序运行界面如图 6-10 所示。

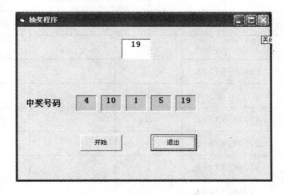

图 6-10 程序运行界面

任务一 创建用户界面

【操作步骤】

（1）新建一个工程，命名为 "抽奖程序"。

（2）向窗体添加一个控件数组（5 个标签框），两个 "命令按钮" 控件，两个 "标签" 控件，一个 "定时器" 控件。

（3）最后创建的程序界面如图 6-11 所示。

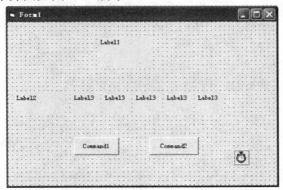

图 6-11 程序界面

任务二 设置界面属性

【操作步骤】

（1）设置窗体"Form1"控件的"Caption"属性值为"抽奖程序"。

（2）设置标签框"Label2"控件的"Caption"属性值为"中奖号码"。

（3）设置"Command1"控件的"Caption"属性值为"确定"，设置"Command2"控件的"Caption"属性值为"退出"。

（4）其他控件属性的设置见表 6-4。

表 6-4 "抽奖程序"界面属性设置

"名称"	"Caption"	"BackColor"	"Index"	"Enabled"	"Interval"	"BorderStyle"
Form1	抽奖程序					
Label1		&H00FFFFFF&				1
Label2	中奖号码					
Label3(0)		&H00C0C0FF&	0			
Label3(1)		&H00C0C0FF&	1			
Label3(2)		&H00C0C0FF&	2			
Label3(3)		&H00C0C0FF&	3			
Label3(4)		&H00C0C0FF&	4			
Timer1				False	1	
Command1	确定					
Command2	退出					

（5）最后的设置效果如图 6-12 所示。

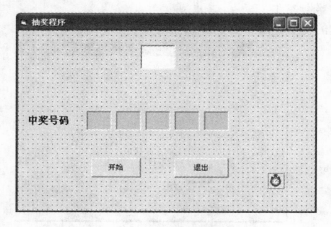

图 6-12 界面属性设置效果

任务三　编写事件代码

当启动程序后，单击【开始】按钮，抽奖开始，打开定时器，利用定时器控件，同时产生两个随机数，分别使用变量 s1、s2 表示，s1 的范围是 1～21，s2 的范围是 1～25。当 S2=22 的时侯，用 S1 与前面产生的中奖号码作比较，若与前面的中奖相同，则退出本过程；若与前面的中奖号码不同，则将此随机数作为中奖号码。使用变量 Sy 表示产生有效中奖号码个数，当产生了 5 个中奖号码时，关闭定时器控件，停止产生随机数。

下面编写事件代码。

（1）在 "开始" 按钮的 Command1_Click()事件过程中编写代码，实现清空中奖号码和启用定时器操作，代码如下：

```
Dim sy As Integer
Private Sub Command1_Click()
    For i = 0 To 4
        Label3(i).Caption =" "
    Next
        Timer1.Enabled = True
        Command1.Enabled = False
        sy = -1
End Sub
```

（2）在 Timer1_Timer()事件过程中编写代码实现抽奖操作，代码如下：

```
Private Sub Timer1_Timer()
    Dim s1, s2   As Integer
        Randomize
        s1 = Int(Rnd * 21) + 1
        s2 = Int(Rnd * 25) + 1
        Label1.Caption = s1
        If s2 = 22 Then
            sy = sy + 1
            For a = 0 To sy
              If s1 = Val(Label3(a).Caption) Then
                sy = sy - 1
                Exit Sub
              End If
            Next
            Label3(sy).Caption = Format(s1, "00")
        End If
        If sy = 4 Then
            Timer1.Enabled = False
            Command1.Enabled = True
        End If
End Sub
```

（3）在"退出"按钮的 Command2_Click()事件过程中编写代码实现退出应用程序的操作，代码如下：

```
Private Sub Command2_Click()
    End
End Sub
```

项 目 小 结

本项目完成了设计各国城市时间显示程序的开发设计，通过这个项目的开发，我们掌握了"定时器"控件的工作原理、基本操作，以及"Interval"属性、"Enable"属性、"Timer"事件的运用，并掌握了"图像框"控件的基本操作以及常用属性的使用方法。

思考与练习

一、选择题

1．若要设置定时器控件的定时时间，则可通过（　　）属性来设置。

    A．Interval　　　　　　　　B．Value　　　　　　　　C．Enabled　　　　　　　　D．Text

2．若要暂时关闭定时器，则可通过设置（　　）属性为 False 来实现。

    A．Visible　　　　　　　　B．Enabled　　　　　　　　C．Interval　　　　　　　　D．Timer

3．图像框或图片框中显示的图形，由对象的（　　）属性值决定。

    A．Picture　　　　　　　　B．Image　　　　　　　　C．DownPicture　　　　　　　　D．Icon

4．能够将 Picture 对象 P 加载当前目录中的 face.bmp 的语句是（　　）。

    A．P.Picture=Loadpicture("face.bmp")

    B．P.LoadPicture=("face.bmp")

    C．Picture1.picture=LoadPicture("face.bmp")

    D．Picture1.LoadPicture("face.bmp")

5．只能用来显示字符信息的控件是（　　）。

    A．文本框　　　　　　　　B．图片框　　　　　　　　C．图像框　　　　　　　　D．标签框

二、填空题

1．图像框的_____属性决定图片是否可以伸缩。

2．图像框可以在运行阶段通过_____函数装入图形文件。

3．定时器每隔一定的时间间隔就产生一次_____事件。

4．使用_____属性设置定时器是否可用。

5．如果要使图片框能够根据图形大小来自动调整，那么应将 AutoSize 属性设为_____。

三、编程题

1．设计一个简单的滚动字幕，使一个写有"visual basic"的标签在窗体上从左向右移动，标签碰到窗体的右边框就弹回来，字体颜色随机变化。

2. 设计一个改变图片大小的程序，在窗体中添加一个图像框控件用于显示图片，设置一个"点击图片变大"按钮，一个"点击图片变小"按钮，界面如图 6-13 所示。

图 6-13　程序运行界面

项目七 设计我的记事本

在 Windows 的各种应用软件中常常用到菜单、工具栏和状态栏，在程序中加上菜单，可以使程序更显规范和专业；工具栏为用户提供了对于应用程序中最常用的菜单命令的快速访问，增强了应用程序菜单系统的可操作性；状态栏主要用于显示应用程序的各种状态信息。

【项目要求】设计"我的记事本"，界面如图 7-1 所示，要求能够新建、打开、编辑、保存文件，并提供复制、剪切、粘贴、删除、设置字体及颜色等编辑功能。程序的各主菜单、子菜单及功能说明见表 7-1。

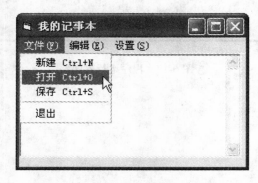

图 7-1 程序运行界面

表 7-1 "我的记事本"菜单功能

菜 单 名	子 菜 单	菜单的功能
文件	新建	新建文本文件
	打开	使用通用对话框打开文本文件
	保存	保存文本文件
	退出	关闭程序，如果文本框文本未保存，应提示
编辑	剪切	剪切选中的文本
	复制	复制选中的文本
	粘贴	将剪贴板中的内容粘贴到指定位置
	删除	删除选中的文本
设置	设置字体	打开通用对话框设置文本字体
	设置颜色	打开通用对话框设置文本颜色

【学习目标】
✧ 掌握"菜单"的设计与使用
✧ 掌握"工具栏"的设计与使用

◇ 掌握"状态栏"的设计与使用

◇ 熟悉"剪贴板"的使用

【基础知识】

菜单是应用程序的重要组成部分，菜单的作用是用来组织和调用应用程序中的各个程序模块，菜单应该具备三个特性：① 要有说明性，让用户对应用系统程序的各个功能有所了解；② 要有可选择性，让用户能够选择操作；③ 要有可操作性，用户选定某一菜单项后就能实现相应的功能。因此，一个高质量的菜单，会对整个应用系统程序的管理、操作、运行带来很多便利。

利用 VB 提供的菜单编辑器能够很方便地建立程序的菜单系统。

从图 7-2 中可以看到，"菜单编辑器"对话框分为三个区域：

（1）属性区，用来对菜单项进行属性设置。其中常用属性见表 7-2。

表 7-2　"菜单编辑器"常用属性

属 性 名	属 性 值	说 明
标题（Caption）	字符型	菜单项上显示的字符串
名称（Name）	字符型	菜单项的控件名称，在编写代码时，用于识别控件
索引	整型	如果菜单项是控件数组的一个元素，就应该设置索引值，来指定该菜单项在数组中的下标
快捷键	字符型	指定菜单命令的快捷键
复选	逻辑型	是否允许在菜单项的左边设置复选标记
有效	逻辑型	指定菜单项是否可操作
可见	逻辑型	设置在菜单上是否显示该菜单项
显示窗口列表	逻辑型	在多文档（MDI）程序中，指定是否包含一个打开的 MDI 子窗口列表

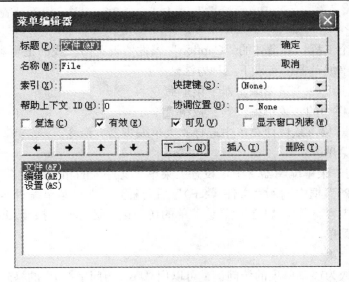

图 7-2　菜单编辑器

虽然菜单系统是一个整体，但每一个菜单项分别相当于一个控件，也就是说在"菜单编辑器"中包含多个控件，每一个控件都有自己的名字，对每一控件需要分别进行属性的设置。当然，在程序中，也要分别对每个菜单项编写相应的代码。在设计阶段，对属性的设置只能通过"菜单编辑器"进行，在程序运行过程中，可以通过语句改变属性的值。

（2）编辑区，有 7 个按钮，用来对输入的菜单项进行编辑。

- 　➡　按钮：每单击一次该按钮，产生 4 个点（....），称为内缩符号，用来确定菜单项的层次。每单击一次把选定的菜单下移一个等级。
- 　⬅　按钮：每单击一次把选定的菜单上移一个等级。
- 　⬆　按钮：每单击一次把选定的菜单在同级菜单中向上移动一个位置。
- 　⬇　按钮：每单击一次把选定的菜单在同级菜单中向下移动一个位置。
- 　下一个(N)　按钮：开始一个新的菜单项。
- 　插入(I)　按钮：在当前选定的菜单项前面插入一个新的菜单项。
- 　删除(T)　按钮：删除当前选定的菜单项。

（3）显示区，输入的菜单项在此处显示出来。

该区域显示所有已创建的菜单项，高亮光条所在的菜单为当前菜单项，并通过内缩符号指明了它们的层次。一个菜单项的下一级菜单被称为子菜单，在 Visual Basic 6.0 中创建的菜单，最多包含四级子菜单。

下面结合项目来说明菜单的创建过程。

任务一　创建用户界面

下面介绍创建用户界面的操作步骤。

（一）创建菜单

【操作步骤】

（1）新建一个工程，将窗体的"Caption"属性值设置为"我的记事本"。

（2）打开菜单编辑器，有以下三种方法:

- 执行"工具"→"菜单编辑器"菜单命令。
- 使用工具栏中的"菜单编辑器"按钮 📄 。
- 右击窗体对象，从快捷菜单中选择"菜单编辑器"命令。

（3）创建主菜单。

① 在调出的"菜单编辑器"中，设置主菜单"文件"的相关属性。

在"标题（P）"框中输入"文件（&F）"后会看到，在"菜单编辑器"的显示区同步显示刚才输入的内容。其中【F】键是该菜单的访问键，运行时，按【Alt+F】组合键就可以打开"文件"菜单。

【知识链接】

使某一字符成为该菜单项的访问键，可以用"（&+访问字符）"的格式。运行时访问字符的下面会自动加上一条下划线，"&"字符则不可见。

② 单击 下一个(N) 按钮，出现新的（空白）属性区。按照（1）的方法，根据表 7-3 依次创建"编辑"和"设置"主菜单。此时，主菜单就设计好了，设置界面如图 7-2 所示。

表 7-3 主菜单属性设置

菜 单 项	"标题（P）"	"名称（M）"	"内缩符号"
主菜单 1	文件（&F）	File	
主菜单 2	编辑（&E）	Edit	
主菜单 3	设置（&S）	Set	

（4）创建子菜单

① 单击显示区第二行的主菜单"编辑（&E）"。

② 单击编辑区中的"插入"按钮，这时在"编辑（&E）"前插入了一个空行。

③ 在属性区单击"标题（P）"框并在其中输入第一个子菜单项的标题"新建"。

④ 单击"名称（M）"框并在其中输入第一个子菜单项的名字"FileNew"。

⑤ 单击编辑区中的 ➡ 按钮，菜单项中"新建"两个字前加入内缩符号，"新建"被缩进，表示它是从属于"文件（&F）"的子菜单项。

【知识链接】

4 个点表示一个内缩符号，为第一级子菜单，如果单击向右的箭头按钮两次，就会出现两个内缩符号（8 个点），为第二级子菜单，依此类推。单击 ➡ 按钮，内缩符号便会消失。

⑥ 为"新建"菜单指定快捷键的方法是，单击 快捷键(S): 的下拉列表框，其中列出了可供选择的快捷键组合。选择【Ctrl+N】作为"新建"的快捷键。在显示区，【Ctrl+N】就出现在菜单中。

【知识链接】

在运行时，使用快捷键可以大大提高选取命令的速度。按下快捷键时，会马上执行相应的菜单命令。

设置快捷键要注意：① 尽可能按照 Windows 的习惯设置，以符合平时的操作习惯。② 不要设置太多的快捷键，快捷键过多，不便于记忆，达不到设置快捷键的目的。

⑦ 按照（1）～（6）的方法，根据表 7-4，表 7-5 和表 7-6 依次创建"文件"、"编辑"和"设置"主菜单下的各项子菜单。

表 7-4 "文件（&F）"的子菜单属性设置

"文件（&F）"的子菜单	"标题（P）"	"名称（M）"	"快捷键（S）"	"内缩符号"
子菜单 1	新建	FileNew	Ctrl+N	····
子菜单 2	打开	FileOpen	Ctrl+O	····
子菜单 3	保存	FileSave	Ctrl+S	····
子菜单 4	—	FileBar		····
子菜单 5	退出	FileExit		····

表 7-5　　"编辑（&E）"的子菜单属性设置

"编辑（&E）"的子菜单	"标题（P）"	"名称（M）"	"快捷键（S）"	"内缩符号"
子菜单 1	剪切	EditCut	Ctrl+X	…
子菜单 2	复制	EditCopy	Ctrl+C	…
子菜单 3	粘贴	EditPaste	Ctrl+V	…
子菜单 4	删除	EditDelete		…

表 7-6　　"设置（&S）"的子菜单属性设置

"设置（&S）"的子菜单	"标题（P）"	"名称（M）"	"索引（X）"	"内缩符号"
子菜单 1	设置字体	Setting	0	…
子菜单 2	设置颜色	Setting	1	…

　　表 7-6 将"设置（&S）"的子菜单定义成了一个控件数组，它们的"名称"都是"Setting"，需要设置"索引"属性来区分不同的子菜单项。菜单项可以是单独的控件，也可以是控件数组。

　　（5）添加分隔符

　　现在需要在"保存"和"退出"两个子菜单命令中间加一个分隔条。操作过程与建立一个菜单项相同。

　　① 在"菜单编辑器"中，选中"退出"子菜单项。

　　② 单击"插入"项，可以看到在"退出"命令的上面添加了一行，并自动加入了一个内缩符号。

　　③ 在"标题（P）"框中输入一个减号（–）。

　　④ 在"名称（M）"框中为这个减号起一个名字"FileBar"。

　　【知识链接】

　　分隔线必须设置"名称（M）"属性，否则运行时会出错。分隔线本身不是菜单项，它仅仅起到分隔菜单项的作用。它不能带有子菜单，不能设置"复选"、"有效"等属性，也不能设置快捷键。

　　菜单的设置界面如图 7-3 所示。

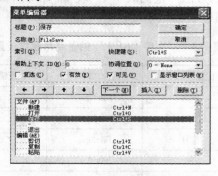

图 7-3　菜单编辑器

根据上面的步骤创建菜单，先创建主菜单，再创建子菜单。

还有第二种创建方法。方法是，在建完第一个主菜单后，直接按 下一个(N) 按钮，输入子菜单的相关属性，记得按下内缩符号即可，其他子菜单照此操作。如果有多级子菜单，第二级子菜单应该有两个内缩符号。第一个主菜单及所属的子菜单全部创建好后，再创建第二个主菜单及其下的子菜单……以此类推。

（二）添加其他控件

（1）在窗体中添加一个"文本框"。

（2）在窗体中添加一个"通用对话框"控件。

任务二 设置界面属性

菜单项的属性在创建菜单时已经设置完成，下面只需要按照表 7-7 来设置"文本框"和"通用对话框"的属性。

表 7-7 "文本框"和"通用对话框"的属性设置

控 件	"名称"	"Text"	"MultiLine"	"ScrollBars"
文本框	Text1	清空	True	2-Vertical
通用对话框	CommonDialog1			

任务三 编写事件代码

前面提到，菜单项就是控件，要让菜单控件实现某个功能，就需要为它编写代码。菜单控件只有一个 Click 事件。用鼠标单击菜单项或键盘选中后按【Enter】键时触发该事件，除分隔符以外的所有菜单控件都能识别 Click 事件。

（一）声明变量并编写初始化代码

（1）进入代码窗口，在左下拉框中选择"通用"，右下拉框中选择"声明"，声明窗体级变量 flag。

```
Dim flag As Integer
```

flag 用来作为状态变量，主要在执行"退出"命令时使用。其用法是：

① 如果是下面几种情况之一，就将 flag 置为"1"。

● 只加载了窗体

● 只打开了文本文件

● 执行了保存操作

这几种情况说明文本文件没有修改，或者修改后已经保存了，所以单击【退出】按钮时可以直接关闭程序。

②　如果修改了文本框的文本，就将其置为"0"。单击【退出】按钮时，会弹出消息框，提醒用户保存已修改的内容。

（2）编写 Form_Load 事件代码。

```
Private Sub Form_Load()
    flag= 1
End Sub
```

初始化 flag 变量。

（3）编写 Text1_Change 事件代码。

```
Private Sub Text1_Change()
    flag = 0
End Sub
```

文本框的文本发生了改变，将 flag 置为"0"。

（二）为"文件"的下拉菜单编写代码

（1）为"新建"菜单项编写事件代码。

```
Private Sub FileNew_Click()
    Dim filename As String
    CommonDialog1.Filter = "文本文件|*.txt"
    CommonDialog1.InitDir = "c:\"
    CommonDialog1.DefaultExt = ".txt"
    If MsgBox("是否保存该文件", 4, "选择框") = vbYes Then
        CommonDialog1.ShowSave
        filename = CommonDialog1.filename
        Open filename For Output As #1
        Print #1, Text1.Text
        Close #1
    End If
        Text1.Text = ""
End Sub
```

第二、三、四行用于设置通用对话框的属性。If 语句的作用是，在新建文件以前，先确认是否保存当前文件，如果选择"是"按钮，就弹出保存对话框，完成保存操作。最后一行语句将文本框清空，以实现新建的目的。

（2）为"打开"菜单项编写事件代码。

```
Private Sub FileOpen_Click()
    Dim filename As String
    Dim s1 As String
    CommonDialog1.Filter = "文本文件|*.txt"
    CommonDialog1.ShowOpen
    filename = CommonDialog1.filename
```

```
        Text1.Text = ""
        Open filename For Input As #1
        Do While Not EOF(1)
            Line Input #1, s1
            Text1.Text = Text1.Text + s1 + vbCrLf
        Loop
        Close #1
        flag = 1
    End Sub
```

（3）为"保存"菜单项编写事件代码。

```
Private Sub FileSave_Click()
    Dim filename As String
    CommonDialog1.Filter = "文本文件|*.txt"
    CommonDialog1.ShowSave
    filename = CommonDialog1.filename
    Open filename For Output As #1
    Print #1, Text1.Text
    Close #1
    flag = 1
End Sub
```

（4）为"退出"菜单项编写事件代码。

```
Private Sub FileExit_Click()
    If flag = 0 Then
        res = MsgBox("未保存已修改的文本,保存吗？", vbYesNo, "提示")
        If res = vbNo Then
                End
        End If
    Else
            End
    End If
End Sub
```

如果已修改的文本在退出以前没有保存，会弹出一个消息框询问是否保存，但是本段代码中没有包含保存的代码，只能提醒用户保存，需要的话还要选择"保存"菜单项才能实现。当然，也可以在本段代码中增加实现保存的代码，大家可以试一试。

以上代码的解释，在项目四中作了详细的介绍，大家可以参考。

（三）为"编辑"的下拉菜单编写代码

【基础知识】

在 Windows 的应用程序中，大家最熟悉的编辑应该是"剪切"、"复制"和"粘贴"命令。实际上，这几项操作是借助剪贴板（Clipboard）完成的。剪贴板是内存的一部分区域，可以暂时保存文本和图形。所有的 Windows 应用程序都能使用（共享）剪贴板中的信息。

在 Visual Basic 程序中，与剪贴板有关的操作是通过 Clipboard 对象实现的。通过该对象可以实现不同的应用程序或控件间的数据共享。因此，利用它进行文本或图形的复制、剪切和粘贴。

我们约定，把提供数据的对象称为"源"，从剪贴板中取出的数据最终放置的地方称为"目标"。

从"源"上取数据（复制或剪切）时，使用 Clipboard 对象的 SetText 方法或 SetData 方法。其中 SetText 方法用于读取文本数据，SetData 方法用于读取非文本数据。

把 Clipboard 对象上的数据放到"目标"对象上（粘贴）时，应使用 GetText 方法或 GetData 方法。GetText 方法用于文本数据的操作，GetData 方法用于非文本数据的操作。

如果要使程序能适应各种对象之间的粘贴操作，应先利用 Screen 对象（屏幕对象）确定当前的操作对象。

（1）为"复制"菜单项编写事件代码。

```
Private Sub EditCopy_Click()
    Clipboard.Clear
    If TypeOf Screen.ActiveControl Is TextBox Then
        Clipboard.SetText Screen.ActiveControl.SelText
    End If
End Sub
```

第一行语句的作用是利用 Clear 方法清空剪贴板，因为剪贴板是系统资源，里面可能已经存放了从其他地方复制的内容。

If 语句中首先判断当前控件的类型是否是文本框，其中 Screen.ActiveControl 表示屏幕对象 Screen 中的当前激活的控件 ActiveControl。如果条件为真，就执行：

```
Clipboard.SetText Screen.ActiveControl.SelText
```

其功能是：将屏幕上活动控件 Screen.ActiveControl（本例中即为文本框）中的选定文本 SelText 通过 SetText 方法放到剪贴板 Clipboard 中。

【知识链接】

使用 Screen 对象编写剪贴板操作程序，可以不必指明具体的对象，而是只针对当前激活的控件 ActiveControl 进行操作，使程序的通用性大大提高。

（2）为"剪切"菜单项编写事件代码。

```
Private Sub EditCut_Click()
    Clipboard.Clear
    If TypeOf Screen.ActiveControl Is TextBox Then
        Clipboard.SetText Screen.ActiveControl.SelText
        Screen.ActiveControl.SelText = ""
```

```
        End If
    End Sub
```

"剪切"的代码和"复制"类似，区别在于把数据放到剪贴板以后，应把选中的文本清除干净，也就是说，剪切后，源数据不再保留，使用的语句是：

```
    Screen.ActiveControl.SelText = ""
```

（3）为"粘贴"菜单项编写事件代码。

```
    Private Sub EditPaste_Click()
        If Len(Clipboard.GetText) > 0 Then
            Screen.ActiveControl.SelText = Clipboard.GetText
        End If
    End Sub
```

执行粘贴操作之前，应确认剪贴板上是否有数据，也就是通过 Len 函数计算 Clipboard.GetText（剪贴板中的文本）的长度，如果函数值>0，说明剪贴板中有文本，就执行：

```
    Screen.ActiveControl.SelText = Clipboard.GetText
```

其功能是：将剪贴板中的文本送到屏幕上激活控件（文本框）的选定文本区。

【知识链接】

如果窗体上有多种类型的控件使用 Screen.ActiveControl，则在使用时需要对不同类型的控件予以不同的处理。例如，若窗体上有文本框、列表框、组合框及图片框，则"复制"代码应改为：

```
    Private Sub    EditCopy_Click()
        Clipboard.Clear
        If TypeOf Screen.ActiveControl Is TextBox Then          ' 文本框
            Clipboard.SetText Screen.ActiveControl.SelText
        ElseIf TypeOf Screen.ActiveControl Is ComboBox Then     ' 组合框
            Clipboard.SetText Screen.ActiveControl.Text
        ElseIf TypeOf Screen.ActiveControl Is PictureBox Then   ' 图片框
            Clipboard.SetData Screen.ActiveControl.Picture
        ElseIf TypeOf Screen.ActiveControl Is ListBox Then      ' 列表框
            Clipboard.SetText Screen.ActiveControl.Text
        End If
    End Sub
```

（4）为"删除"菜单项编写事件代码。

```
    Private Sub EditDelete_Click()
        Text1.SelText = ""
    End Sub
```

"删除"与"剪切"的区别是："删除"的内容不放入剪贴板。

（5）为"设置"的下拉菜单编写代码。

```
Private Sub Setting_Click(Index As Integer)
    If Index = 0 Then
        CommonDialog1.Flags = 1
        CommonDialog1.ShowFont
        Text1.FontName = CommonDialog1.FontName
        Text1.FontSize = CommonDialog1.FontSize
        Text1.FontBold = CommonDialog1.FontBold
        Text1.FontItalic = CommonDialog1.FontItalic
    End If
    If Index = 1 Then
        CommonDialog1.ShowColor
        Text1.ForeColor = CommonDialog1.Color
    End If
End Sub
```

因为"设置"所包含的两个菜单项是控件数组，因此，单击任意一项，都会触发 Setting_Click 事件代码。此时，需要通过 Index 值来判断执行其中的哪些代码 。如果选择的是"设置字体"菜单项 ，则 Index = 0，执行第一个 If 里面的语句；如果选择的是"设置颜色"菜单项，则 Index = 1，执行第二个 If 里面的语句。

项目实训　设计"文本编辑器"

窗体中包含两个文本框，界面如图 7-4 所示。程序可以将文本框 1 中"剪切"或"复制"的文本"粘贴"到文本框 2 中，并可以设置颜色和字体。

在该窗体上设计菜单，包括"编辑（E）"和"设置（S）"两项。其中的"编辑（E）"提供 Windows 中常用的"剪切"、"复制"和"粘贴"功能，"退出"命令也放到这一项之中。"设置（S）"包括"设置颜色"和"设置字体"功能，要求实现菜单所指定的功能。

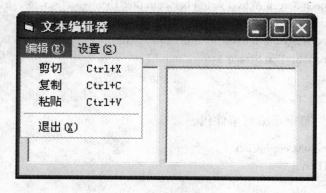

图 7-4　程序运行界面

实训一 创建用户界面

下面介绍创建用户界面的操作步骤。

（一）创建菜单

按照表 7-8、表 7-9 和表 7-10 来创建菜单并设置相关属性。

表 7-8 主菜单属性设置

菜 单 项	"标题（P）"	"名称（M）"	"内缩符号"
主菜单 1	编辑（&E）	mnuEdit	
主菜单 2	设置（&S）	mnuSet	

表 7-9 "编辑（&E）"的子菜单属性设置

"编辑（&E）"的子菜单	"标题（P）"	"名称（M）"	"快捷键（S）"	"内缩符号"
子菜单 1	剪切	mnuEditCut	Ctrl+X	…
子菜单 2	复制	mnuEditCopy	Ctrl+C	…
子菜单 3	粘贴	mnuEditPaste	Ctrl+V	…
子菜单 4	—	FileBar		…
子菜单 5	退出（&X）	mnuEditExit		…

表 7-10 "设置（&S）"的子菜单属性设置

"设置（&S）"的子菜单	"标题（P）"	"名称（M）"	"索引（X）"	"内缩符号"
子菜单 1	设置字体	mnuSetting	0	…
子菜单 2	设置颜色	mnuSetting	1	…

（二）添加两个文本框，一个通用对话框

实训二 设置界面属性

菜单的属性在创建菜单时就设置完成了，下面按照表 7-11 设置其他控件属性。

表 7-11　控件属性

控　件	"名称"	"Text" / "Caption"	"MultiLine"
窗体	FrmMenu	文本编辑器	
文本框	txtT1	置空	True
文本框	txtT2	置空	True
通用对话框	CmDialog1		

实训三　编写事件代码

（1）编写 Form_Load 事件代码。

```
Private Sub Form_Load()
    Clipboard.Clear
End Sub
```

（2）为"复制"菜单项编写事件代码。

```
Private Sub mnuEditCopy_Click()
    If txtT1.SelLength > 0 Then
        Clipboard.SetText (txtT1.SelText)
    End If
End Sub
```

（3）为"剪切"菜单项编写事件代码。

```
Private Sub mnuEditCut_Click()
    If txtT1.SelLength > 0 Then
        Clipboard.SetText (txtT1.SelText)
        txtT1.SelText = ""
    End If
End Sub
```

（4）为"粘贴"菜单项编写事件代码。

```
Private Sub mnuEditPaste_Click()
    If Len(Clipboard.GetText) > 0 Then
        txtT2.SelText = Clipboard.GetText
    End If
End Sub
```

（5）为"退出"菜单项编写事件代码。

```
Private Sub mnuEditExit_Click()
    End
End Sub
```

（6）为"设置"菜单项编写事件代码。

```
Private Sub mnuSetting_Click(Index As Integer)
    If Index = 0 Then
        CmDialog1.Flags = 1
        CmDialog1.ShowFont
        txtT1.FontSize = CmDialog1.FontSize
        txtT2.FontSize = CmDialog1.FontSize
    End If
    If Index = 1 Then
        CmDialog1.ShowColor
        txtT1.ForeColor = CmDialog1.Color
        txtT2.ForeColor = CmDialog1.Color
    End If
End Sub
```

以上是该实训的参考代码，同学们可以根据自己掌握的情况，进行修改和完善。

项 目 拓 展

拓展一 设计工具栏和状态栏

在前面设计的"我的记事本"项目基础上，增加工具栏和状态栏，其中工具栏能够新建、打开、保存文件，并提供复制、剪切、粘贴等编辑功能；状态栏能够跟踪鼠标坐标位置，显示系统日期和时间，并能显示某些控制键的状态。程序运行界面如图 7-5 所示。

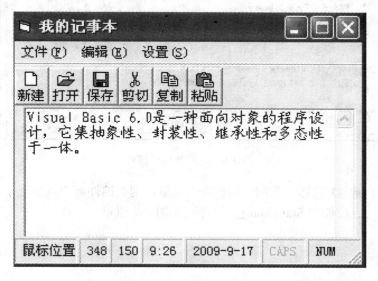

图 7-5 程序运行界面

【基础知识】

工具栏包含了一组图像按钮，是应用程序界面中常见的部分。它为用户提供了对最常用菜单命令的快速访问，增强了菜单系统的可操作性。工具栏可以看成是菜单的快捷方式。状态栏通常位于窗体的底部，主要用于显示应用程序的各种状态信息。

为窗体添加工具栏，应使用工具条（Toolbar）控件和图像列表（ImageList）控件；为窗体添加状态栏，应使用状态栏（StatusBar）控件。它们都不是 VB 的内部控件，而是 ActiveX 控件，因此，在使用时必须将文件 MSCOMCTL.OCX 添加到工程中。

任务一　创建工具栏

以下操作将在窗体中创建工具栏。

1. 添加 MSCOMCTL.OCX 文件

【操作步骤】

（1）执行"工程"→"部件"菜单命令，弹出如图 7-6 所示的"部件"对话框。

（2）在"控件"选项卡中，选中"Microsoft Windows Common Controls 6.0"项。

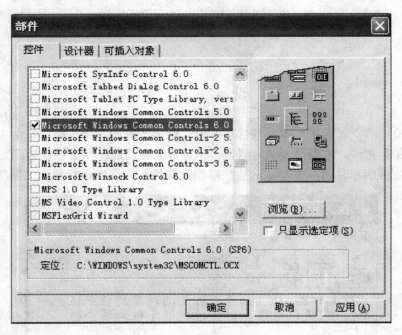

图 7-6　"部件"对话框

（3）单击【确定】按钮，关闭"部件"对话框，则在控件箱中就出现了 ImageList 控件、Toolbar 控件和 StatusBar 控件，如图 7-7 所示。

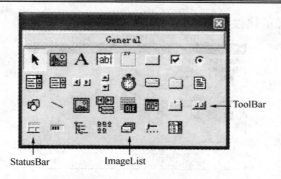

图 7-7 添加控件后的 General 工具箱

2. 创建 ImageList 控件

ImageList 控件的作用是存储图像文件，ImageList 控件不能独立使用，它需要 ToolBar 控件（或 ListView、TabStrip、Header、ImageCombo、TreeView 控件）来显示所存储的图像。ImageList 控件的 ListImage 属性是对象的集合，每个对象可存放一个图像文件，图像文件类型有.bmp、.cur、.ico、.jpg 和.gif，并可通过索引或关键字来引用每个对象。

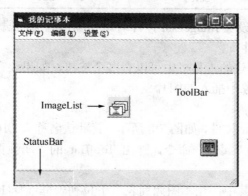

图 7-8 添加 ImageList、ToolBar 和 StatusBar 控件

【操作步骤】

在窗体上添加 ImageList 控件，如图 7-8 所示。它默认的控件名称为 ImageList1，右击 ImageList 控件，在快捷菜单中选择"属性"命令，弹出"属性页"对话框。对话框中有以下 3 个属性页。

- "通用"属性页：在这里可以设置 ImageList 装载的图像的大小，一般的工具栏按钮选择的图像的大小为 16 像素×16 像素。
- "图像"属性页：如图 7-9 所示，"索引"表示每个图像的编号，在 ToolBar 的按钮代码中可以引用；"关键字"表示每个图像的标识名称，在 ToolBar 的按钮代码中也可以引用；"插入图片"按钮的作用是向 ImageList 控件中添加图像，在"图像"属性页中依次插入如图 7-9 所示的图片。这些图片在系统中的存放位置一般为 Microsoft Visual Studio\Common\Graphics\Bitmaps\T1Br_W95（可以通过搜索的方式来查找）；"删除图片"按钮的功能是将"图像"列表框中选定的图像移出 ImageList

控件。每个图像的属性见表 7-12。

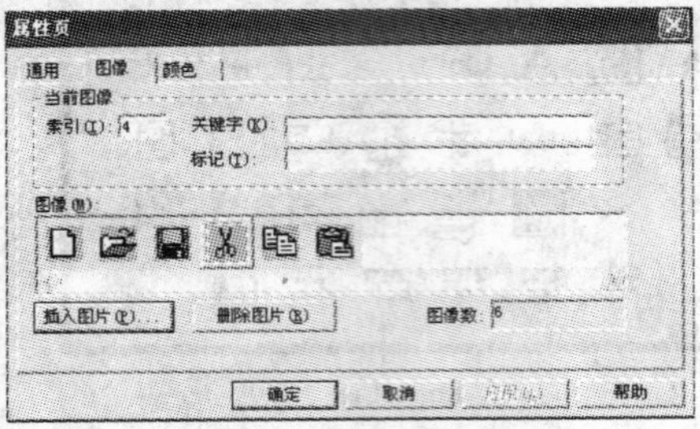

图 7-9 ImageList 控件的属性页

表 7-12 ImageList 控件的"图像"属性

索　引	图片文件（BMP）	索　引	图片文件（BMP）
1	New	4	Cut
2	Open	5	Copy
3	Save	6	Paste

● "颜色"属性页：设置 ImageList 控件对象与颜色相关的属性。

3. 创建 ToolBar 控件

使用 ToolBar 控件创建的工具栏中可以有多个按钮，如果要在按钮上显示图像，则这些图像来自 ImageList 对象中插入的图片。

【操作步骤】

在窗体上添加 ToolBar 控件，如图 7-8 所示。其默认名称为"Toolbar"，右击"Toolbar"，在打开的快捷菜单中执行"属性"命令，弹出 ToolBar 的"属性页"对话框。对话框中有以下 3 个属性页：

● "通用"属性页：其中，在"图像列表"下拉列表框选择 ImageList1 控件，目的是使 ToolBar 控件与 ImageList 控件关联起来。当 ImageList 控件与 ToolBar 控件相关联后，就不能再对 ImageList 控件进行编辑，若要对 ImageList 控件进行编辑，则必须先将其与 ToolBar 控件的连接断开；"可换行的"复选项表示工具栏的长度不够容纳所有按钮时是否换行显示，若不选中该复选框，则不能容纳的按钮不显示。

● "按钮"属性页：工具栏中的按钮在此进行设计，其中包含了各个按钮的主要属性。如图 7-10 所示，"索引"利用 插入按钮(N) 给每个工具栏按钮进行编号，在 ButtonClick 事件中可以引用；"标题"表示在每个按钮上显示的文字；"关键字"表示每个按钮的标识名称，在 ButtonClick 事件中可以引用；"工具提示文本"用来设置当鼠标指针在按钮上暂停时会出现的提示信息；"图像"用来指定按钮上显示的 ImageList 控件中的图像，应该分别与 ImageList 控件中的图像的索引值或者是关键字值相对应；"按钮菜单"中的属性在按钮样式为"5-tbrDropdown"时为按钮设计下拉菜单。在"按钮"属性页中按表 7-13 中所示插入按钮，完成后的窗体如图 7-11 所示。

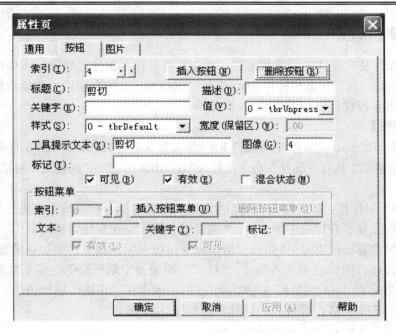

图 7-10 ToolBar 控件的属性页

表 7-13 ToolBar 控件的"按钮"属性

索　引	标　题	工具提示文本	图　像	索　引	标　题	工具提示文本	图　像
1	新建	新建	1	4	剪切	剪切	4
2	打开	打开	2	5	复制	复制	5
3	保存	保存	3	6	粘贴	粘贴	6

图 7-11 设计界面

● "图片"属性页：设置 ToolBar 控件对象与图片相关的属性设置。

任务二　创建状态栏

下面的操作是在窗体中创建状态栏。状态栏通常位于窗体的底部，主要用于显示应用程序的各种状态信息。状态栏控件 StatusBar 由窗格组成，每个窗格可以显示相应的文本或图片，StatusBar 控件最多可以分成 16 个窗格。

【操作步骤】

在窗体中添加 StatusBar 控件，如图 7-8 所示，其默认名称为"StatusBarl"，右击"StatusBar"，在打开的快捷菜单中执行"属性"命令，打开 StamsBar 控件的"属性页"对话框，其中有 4 个属性页。

● "窗格"属性页：如图 7-12 所示，"索引"用来对状态栏中的窗格进行编号；"文本"用来设置显示在窗格中的文本；"关键字"用来设置窗格对象的标识；"最小宽度"用来设定窗格的宽度；"插入窗格"命令按钮可以在状态栏增加新的窗格；"浏览"命令按钮可向窗格中插入图片；"样式"用来指定系统提供的显示信息的样式，样式说明见表 7-14。按下 ▢插入窗格(N) 按钮，依次在"窗格"属性页中设置如表 7-15 所示的 7 个窗格，设置后的窗体界面如图 7-11 所示。

● 其他属性页的设置采用默认值。

图 7-12　StatusBar 控件的属性页

表 7-14　"窗格"属性页的样式属性说明

属 性 值	符 号 常 数	说　　明
0	sbrText	默认值，表示窗格中可显示文本或图片，用"文本"属性设置文本
1	sbrCaps	判断 CapsLock 键状态
2	sbrNum	判断 NumberLock 键状态
3	sbrlns	判断 Insert 键状态
4	sbrScrl	判断 Scroll Lock 键状态
5	sbrTime	显示系统时间
6	sbrDate	显示系统日期

表 7-15 各窗格主要属性设置

索 引	样 式	文 本	索 引	样 式	文 本
1	sbrText	鼠标位置	5	sbrDate	
2	sbrText		6	sbrCaps	
3	sbrText		7	sbrNum	
4	sbrTime				

任务三 为工具栏和状态栏编写事件代码

（1）为工具栏编写代码。

```
Private Sub Toolbar1_ButtonClick(ByVal Button As MSComctlLib.Button)
    Select Case Button.Index
        Case 1
            Call FileNew_Click
        Case 2
            Call FileOpen_Click
        Case 3
            Call FileSave_Click
        Case 4
            Call EditCut_Click
        Case 5
            Call EditCopy_Click
        Case 6
            Call EditPaste_Click
    End Select
End Sub
```

【知识链接】

ToolBar 控件的常用事件有两个：一个是工具栏中按钮的 ButtonClick 事件；另一个是菜单按钮的 ButtonMenuClick 事件。在 Visual Basic 中，ToolBar 控件中的按钮是用控件数组来管理的，按钮控件的"索引"（Index）属性或者是"关键字"（Key）属性都可以作为区分按钮的标识，一般使用"Select Case"语句来处理。因为工具栏的按钮功能和相应的菜单功能是一样的，所以可以直接调用菜单事件代码，而不需要重新编写代码。

（2）为状态栏编写代码。

```
Private Sub Text1_MouseMove(Button As Integer, Shift As Integer, X As Single, Y As Single)
    Form1.StatusBar1.Panels(2).Text = X
    Form1.StatusBar1.Panels(3).Text = Y
End Sub
```

【知识链接】

状态栏的不同窗格对象代表了不同的功能，有些窗格功能系统已经具备，如 sbrDate 和 sbrTime 属性窗格，还有些窗格对象的功能取决于应用程序的状态和各控制键的状态，这就要通过编写代码在应用程序运行时来实现。

本项目要求当鼠标指针在文本框中移动时，在状态栏的第二个窗格和第三个窗格分别显示鼠标指针的 X 坐标和 Y 坐标的值。因此。需要为 Textl 控件的 MouseMove 编写代码。其中，Panels（2）和 Panels（3）分别表示状态栏的第二个窗格和第三个窗格。

拓展二　设计弹出式菜单

继续扩充"我的记事本"项目功能，建立如图 7-13 所示的弹出式菜单，该菜单包含"红色"、"蓝色"和"绿色" 3 个菜单项。单击相应菜单项后可以改变文本框中文字的颜色。

图 7-13　程序运行界面

【基础知识】

在大多数的应用程序中，为了操作的方便往往都设计了快捷菜单，即弹出式菜单。当在应用程序的窗体或者控件上右击时就会弹出快捷菜单。弹出式菜单是独立于菜单栏显示在窗体或指定控件上的浮动菜单，这些菜单命令一般是当前鼠标所指向的对象的快捷操作命令，菜单的显示位置与鼠标指针所在的位置有关。

任务一　创建用户界面、设置控件属性

下面介绍如何创建弹出式菜单，并设置其相关属性。

【操作步骤】

（1）打开前面设计的"我的记事本"工程，调出"菜单编辑器"，新增一个顶层菜单项（没有缩进符号），"名称"设为"color"，"标题"设为"颜色"。

（2）将顶层菜单的"可见"（Visible）属性设置为 False（即去掉前面的√），以便程序运行时不显示这个菜单，如图 7-14 所示。

（3）单击"菜单编辑器"的 下一个(N) 按钮，再单击 ➡ 按钮，按照表 7-16 依次输入弹出式菜单中的各菜单项的相关属性。设置完成的菜单如图 7-14 所示。

表 7-16　弹出式菜单的属性

菜单项类别	"标题（P）"	"名称（M）"	"内缩符号"
弹出菜单项	红色	Red	····
弹出菜单项	蓝色	Blue	····
弹出菜单项	绿色	Green	····

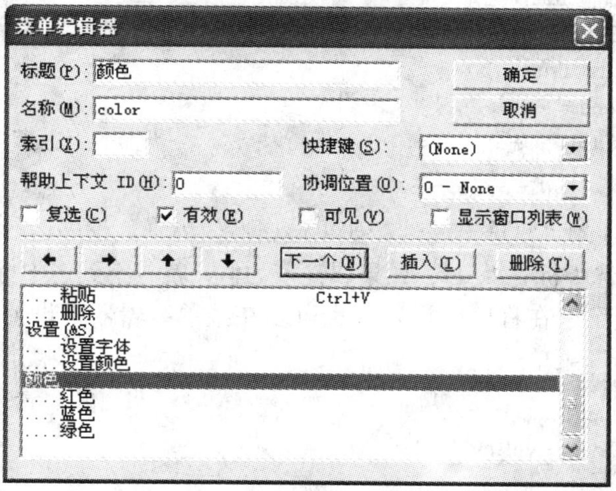

图 7-14　添加弹出式菜单

任务二　编写事件代码

（1）编写弹出式菜单代码，在文本框中右击鼠标时，将显示弹出式菜单。

```
Private Sub Text1_MouseDown(Button As Integer, Shift As Integer, X As Single, Y As Single)
    If Button = 2 Then
        PopupMenu color
    End If
End Sub
```

利用对象的 PopupMenu 方法可以显示弹出式菜单，语法格式如下：

[对象]. PopupMenu<菜单项> [, Flag[, X[, Y]]]

其中，Flag，X，Y 参数能指定弹出式菜单的显示位置，参数值是可选项。如果省略这几个参数，则弹出式菜单显示在鼠标指针所在的位置；当 Flag 等于 0 时，X 的值是弹出式菜单的左边界；当 Flag 等于 4 时，X 的值是弹出式菜单的中心位置；当 Flag 等于 8 时，X 的值是弹出式菜单的右边界。

在 If 语句中利用 Button 参数值判断按下的是哪一个鼠标键。Button = 1 表示按下左键会弹出菜单；Button = 2 表示按下右键会弹出菜单。

【知识链接】

因为 Click 事件是在单击鼠标左键时触发的事件，单击鼠标右键不会触发 Click 事件，所以此时选择窗体的 MouseDown（鼠标按下）事件来响应鼠标的操作。

因此，在文本框中按下鼠标右键时，就显示出了弹出式菜单。

（2）编写"红色"菜单项代码。

```
Private Sub Red_Click()
    Text1.ForeColor = vbRed
    Red.Checked = True
    Green.Checked = False
    Blue.Checked = False
End Sub
```

Checked 是菜单项的"复选"属性，如果该属性值为真，程序运行时，在相应的菜单项的左侧可以看到一个选中标记"√"；如果属性值为假，就看不到选中标记，如图 7-13 所示。

Checked 属性既可以在程序中设置，也可以在菜单编辑器中设置。

（3）编写"蓝色"菜单项代码。

```
Private Sub Blue_Click()
    Text1.ForeColor = vbBlue
    Blue.Checked = True
    Green.Checked = False
    Red.Checked = False
End Sub
```

（4）编写"绿色"菜单项代码。

```
Private Sub Green_Click()
    Text1.ForeColor = vbGreen
    Green.Checked = True
    Blue.Checked = False
    Red.Checked = False
End Sub
```

项 目 小 结

为了使您的应用程序更加专业，设计菜单、工具栏、状态栏是必不可少的环节，本项目详细介绍了它们的设计方法；剪贴板就像是一个中转站，我们要复制或者移动的资源，都是先放在剪贴板里面，然后从这里面复制或者移动到其他地方去。大家可以在这里学会剪贴板的用法；同时，本项目还用到了前面所学的通用对话框和文件的操作。

思考与练习

一、填空题

1．如果要将某个菜单项设计为分隔线，则该菜单项的标题应设置为_____。

2．菜单中的"热键"可通过在热键字母前插入_____符号实现。

3．菜单项对象的_____属性控制菜单项是否变灰（失效）。

4．菜单控件只有一个事件，它是_____事件。

5．调用弹出式菜单要使用的方法名称是_____。

6．使用菜单编辑器设计菜单时，必须输入的项有标题 Caption 和_____。

7．Visual Basic 中的菜单可分为弹出式菜单和_____菜单。

二、判断题

1．窗体上有一个公用对话框 CommonDialog1，则语句"CommonDialog1.ShowSave"的作用是显示"打开"对话框 。　　　　　　　　　　　　　　　　　　　（　　）

2．刚建立一个新的标准 EXE 工程时，不在工具箱中出现的控件是通用对话框。（　　）

3．VB 程序中的菜单只能在"菜单编辑器"的窗口中进行设计。　　　　　　（　　）

4．VB 应用程序中的下拉菜单和快捷菜单都可用菜单编辑器创建，只是设计时，快捷菜单的 Visible 属性通常设为 Flase，运行时用鼠标所指对象的 PopupMenu 方法弹出。（　　）

5．用菜单编辑器设计菜单时，顶层菜单不能加快捷键，但可以在该菜单标题中的字母前插入"&"符号来设置热键。　　　　　　　　　　　　　　　　　　　（　　）

三、编程题

1．窗体上有一个标签，显示一段文字；一个图片框，显示一幅图片。在窗体上建立菜单，菜单栏中有"查看"和"文本"两个菜单项。其子菜单内容如图 7-15 和图 7-16 所示。

执行"查看"→"标签"菜单命令，可隐藏图片框，并显示标签中的文本。若执行"文本"→"字体"菜单命令，可继续选择字体的名称，并按所选的字体类型设置标签中的字体。执行"查看"→"图片"菜单命令，可隐藏标签，在图片框中显示一幅图片，同时"文本"菜单为不可用（灰色）。

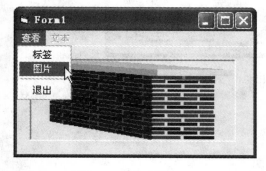

图 7-15　显示图片

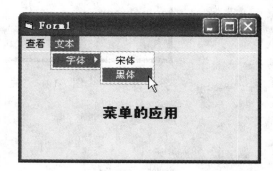

图 7-16　显示标签

2. 在窗体上建立弹出式菜单，窗体如图 7-17 所示。选中某种字体后，使标签中的文本字体随之变化。

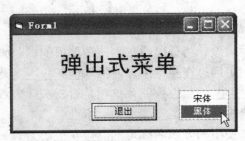

图 7-17　弹出式菜单

3. 按如图 7-18 所示界面建立窗体。单击【显示在左侧】按钮时，在窗体左侧弹出菜单；单击【显示在右侧】按钮时，在窗体右侧弹出菜单。

　　弹出式菜单中有两个菜单项，即"关于"和"退出"。选中"关于"时，显示"关于弹出菜单"窗口，如图 7-19 所示。

图 7-18　弹出式菜单

图 7-19　"关于弹出菜单"窗口

项目八　设计学生成绩查询系统

【项目要求】 设计一个简单的学生成绩查询系统。具体要实现的功能如下：

● 运行程序，弹出如图 8-1 所示的窗体，其菜单栏结构如图 8-2 所示。

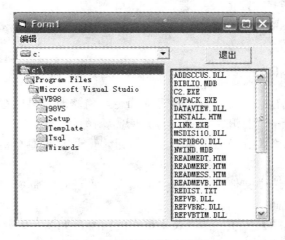

图 8-1　文件资源管理器界面

● "驱动器列表"控件中所选驱动器发生改变时，"文件夹列表"控件中所显示的文件夹名称也随之改变，"文件列表"控件中所显示的文件名称也随之改变。

● 在对文件进行删除、剪切、复制、粘贴操作之前，必须先在"文件列表"控件中选中 1 个源文件，否则弹出如图 8-3 所示的"错误"提示框。

● 对文件进行粘贴操作时，如果文件夹中已有该文件，则弹出如图 8-4 所示的"覆盖文件"提示框，询问是否要覆盖原文件。

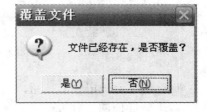

图 8-2　菜单栏结构　　　　　图 8-3　"错误"提示框　　　　　图 8-4　"覆盖文件"提示框

● 选中文件，按【Delete】键，实现文件的删除操作，并弹出如图 8-5 所示的"删除文件"提示框，确定是否要删除所选文件。

● 在文件列表中选中源文件后，执行"编辑"→"修改"命令（或双击文件名），弹出学生信息修改界面，并将所选文件中的内容显示在文本框中，如图 8-6 所示，其菜单栏结构如图 8-7 所示。

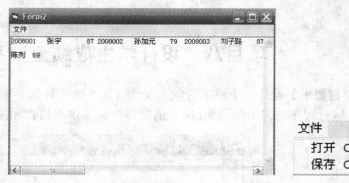

图 8-5　"删除文件"提示框　　　　　图 8-6　学生信息修改界面　　　　　图 8-7　菜单栏结构

- 修改完成，执行"文件"→"保存"命令，将修改结果保存在所选文件中。
- 执行"文件"→"打开"命令，打开所需修改的文件。
- 单击学生信息修改界面右上角的关闭按钮，回到文件资源管理器界面，如图 8-1 所示。
- 在文件列表中选中文件后，执行"编辑"→"查看"命令，弹出如图 8-8 所示的学生信息查看界面。
- 单击【新增成绩】按钮，清空文本框中的内容，如图 8-9 所示，可向所选文件中新增一个学生的成绩信息。

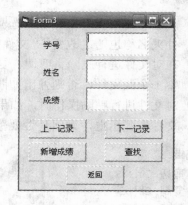

图 8-8　学生信息查看界面　　　　　　　　图 8-9　清空文本框中的内容

- 单击【上一记录】按钮，则在相应的文本框中显示上一个学生的成绩信息。如果到达文件顶部，则弹出如图 8-10 所示的"错误"提示框。
- 单击【下一记录】按钮，则在相应的文本框中显示下一个学生的成绩信息。如果到达文件底部，则弹出如图 8-11 所示的"错误"提示框。
- 单击【查找】按钮，则弹出如图 8-12 所示的"查找"对话框，在对话框中输入学生的学号，便可以按学号查找学生的成绩信息。
- 单击【返回】按钮，回到文件资源管理器界面，如图 8-1 所示。

图 8-10　"错误"提示框　　图 8-11　"错误"提示框　　　　图 8-12　"查找"对话框

【学习目标】

❖ 了解文件的基本概念

❖ 掌握文件的分类

❖ 掌握 3 种常用的文件管理控件的使用

❖ 掌握文件的读/写操作

❖ 掌握文件的基本操作

❖ 了解与文件有关的基本知识

❖ 熟悉键盘事件的使用

任务一　设计文件资源管理器

设计如图 8-1 所示的文件资源管理器，该管理器不仅可以显示文件、文件夹以及驱动器，而且还可以对文件进行复制、粘贴、删除等操作，但在进行这些操作之前，必须先选中文件。

（一）设计文件资源管理器界面

设计如图 8-1 所示的文件资源管理器应用程序界面。

【基础知识】

用 Visual Basic 6.0 所设计的程序，一般都是交互式的界面，既有数据的输入，也有数据的输出。前面几个项目所涉及的数据的输入和输出，只是通过键盘或鼠标完成输入，在显示器上完成输出，这些输入或输出随着程序的关闭而消失，不能够被永久保存。另外，如果输入的数据比较多，用键盘来输入数据很费时。使用文件来完成输入和输出，不仅可以永久性地保存输入和输出的数据，还可以一次性地完成大量数据的输入和输出。

所谓的文件是指记录在外部介质上的数据的集合，通常存放在磁盘上，并且每个文件都有一个文件名。一个完整的文件名包括主文件名和扩展名两部分，主文件名是文件的"名字"，扩展名决定文件的类型，如"Forml.frm"，其中"Forml"为主文件名，".frm"为扩展名，表示该文件为窗体文件。由于每个文件在计算机上都有一个存储的地址，因此要访问或保存某个文件必须指明该文件的物理路径，其语法结构如下：

> 磁盘驱动器名：\文件夹 1\文件夹 2\...\文件名

其中，"磁盘驱动器名"用来指定文件所在的磁盘，"\文件夹 1\文件夹 2\...\"用来指明文件所在的详细位置。例如，假设访问文件"Forml.frm"所需的路径为"E:\资料\vb\Form1.frm"，其中"E"表示 E 盘，"资料"、"vb"表示文件夹名。与此相对应，Visual Basic 6.0 为用户提供了 3 个常用的控件："驱动器列表"控件、"文件夹列表"控件和"文件列表"控件，如图 8-13 所示。这 3 个控件既可以单独使用，也可以组合起来使用。

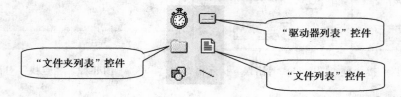

图 8-13　文件控件

【操作步骤】

（1）新建一个工程，将工程命名为"学生成绩管理系统"并保存在文件夹中。

（2）向窗体中添加一个"命令按钮"控件、一个"驱动器列表"控件、一个"文件夹列表"控件、一个"文件列表"控件，调整控件大小及位置至如图 8-14 所示的效果。

（3）选择"工具"→"菜单编辑器"命令，打开"菜单编辑器"对话框，按表 8-1 的顺序新建菜单。

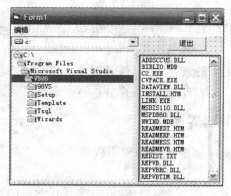

图 8-14　调整后的窗体

表 8-1　菜单的属性

属　性	属 性 值	级　别	属　性	属 性 值	级　别
标题	编辑	一级菜单	标题	剪切	二级菜单
名称	mnuEdit		名称	mnuCut	
标题	复制	二级菜单	快捷键	【Ctrl+X】	
名称	mnuCopy		标题	—	一级菜单
快捷键	【Ctrl+C】		名称	MnuBar	
标题	粘贴	二级菜单	标题	查看	一级菜单
名称	MnuPaste		名称	MnuCheck	
快捷键	【Ctrl+V】		标题	修改	一级菜单
			名称	MnuModi	

（4）单击"菜单编辑器"对话框中的【确定】按钮，生成菜单栏。

（二）实现"驱动器列表"控件的显示功能

"驱动器列表"控件 [　　] 是一个下拉式组合框，用于选择驱动器。

【基础知识】

"驱动器列表"控件除了一些共有属性之外，还有一个特殊的"Drive"属性。该属性用于设置或返回要操作的驱动器，用户可以通过设置该属性来改变默认的驱动器。由于"Drive"属性不显示在属性对话框里，因此只能通过代码来设置，其语法结构如下：

```
文件列表空间名.Drive="驱动器名"
```

在设置"驱动器名"时，不能将它设为不存在的驱动器名。例如，某台计算机的硬盘里只有 D、E、F 3 个驱动器，如果将"Drive"属性设为"C"，程序在运行时便会出错。另外，在设置"Drive"属性时，驱动器名是不区分大小写的，即"D"和"d"是等价的。

【操作步骤】

（1）在"代码编辑器"窗口中的"通用"/"声明"中添加如下代码：

```
Dim   Sourfile   As   String        '用于保存源文件
Dim   DestFile   As   String        '用于保存目标文件
Dim   SureCopy   As   Integer       '用于控制是否单击"复制"或"剪切"菜单
Dim   SureDell   As   Boolean       '用于控制是否单击删除文件
Dim   sfn   As   String             '用于保存被选中文件的文件名
```

（2）为窗体添加 Load 事件响应代码：

```
Private Sub Form_Load()
    Drive1.Drive = "C"
    SureCopy = 0
    SureDell = False
End Sub
```

（3）为【退出】按钮的单击事件添加如下代码：

```
Private Sub Form_Load()
    End
End Sub
```

（4）运行程序，驱动器 C 盘便显示在驱动器控件中。

（5）单击"驱动器列表"控件右端的箭头，打开其下拉列表，这时所有有效的驱动器都在下拉列表中显示。单击某个驱动器，该驱动器便显示在驱动器列表中。

（三）实现"文件夹列表"控件的显示功能

"文件夹列表"控件 [　] 用于显示当前驱动器上的文件夹结构。"文件夹列表"控件在显示文件夹时，是有一定层次的，根目录显示在最上层，然后依次缩进显示各个层次的子目录。

【基础知识】

由于"驱动器列表"控件是一个下拉式的组合框，因此和"组合框"控件一样，Change 事件是驱动器列表框控件最常用的事件，但它不能响应任何鼠标事件。当驱动器列表框中的驱动器发生改变时，便会激发该事件。"文件夹列表"控件的显示功能是通过"驱动器列表"控件的 Change 事件激发的。

【操作步骤】

（1）单击"工程管理器"窗口中的"查看对象"按钮 ，切换到"窗体设计器"窗口。

（2）在窗体上，双击驱动器列表，为"驱动器列表"控件添加 Change 事件，并在"代码编辑器"窗口中添加如下代码：

```
Private Sub Drive1_Change()
        Dir1.Path = Drive1.Drive
End Sub
```

（3）运行程序，在驱动器列表中显示驱动器 C 盘，在文件夹列表中显示 C 盘的根目录及第 1 层文件夹，如图 8-14 所示。双击某个文件夹便可以打开该文件夹，并以缩进的形式显示其包含的下一层文件夹。

（4）单击驱动器列表右端的箭头，打开其下拉列表，然后选中某个驱动器，这时文件夹列表中所显示的文件夹名称也跟着改变。

【知识链接】

在"文件夹列表"控件中，双击某个文件夹便可以选中该文件夹，并以图标 的形式显示该文件夹，表示该文件夹被打开。当前被选中的文件夹，被"文件夹列表"控件的"Path"属性记录下来。"Path"属性不仅可以用于返回当前被选中的文件夹，而且还可以用于设置当前被选中的文件夹，但只能通过代码来设置"Path"属性。例如，本操作中的代码"Dirl.Path=Drivel.Drive"，便是用来设置文件夹列表的当前文件夹。

（四）实现"文件列表"控件的显示功能

"文件列表"控件用于显示当前路径下的部分或所有文件。在用"文件列表"控件显示文件时，必须先为所显示的文件指定详细的路径。

【基础知识】

"文件列表"控件用于显示当前路径下的部分或所有文件，常用属性如下。

● **【Path】属性**

功能：返回或设置所要显示文件的详细路径。

说明：在用"文件列表"控件显示文件时，必须先为所显示的文件指定详细的路径，但只能通过在代码中设置"Path"属性值来指定文件的路径。

● **【Pattern】属性**

功能：返回或设置所要显示文件的类型或特定的文件。

说明：默认值为"*.*"，表示显示各种类型的文件。设置"Pattern"属性时，必须按文件命名的形式为其赋值，既要给出文件的主文件名，还要给出文件的扩展名，但可以含有通配符"*"或"?"。在设置"Pattern"属性后，文件列表中只显示与"Pattern"属性相符的文件。另外，"Pattern"属性还可以设置多个值，但每个值之间必须以分号隔开。

【操作步骤】

（1）单击"工程管理器"窗口中的"查看对象"按钮 ，切换到"窗体设计器"窗口。

（2）在窗体上单击文件列表，"Pattern"属性默认为"*.*"。

（3）在窗体上，双击文件夹列表，为"文件夹列表"控件添加 Change 事件，并在"代码编辑器"窗口中添加如下代码：

```
Private Sub dir1_Change()
        File1.Path = Dir1.Path
End Sub
```

（4）保存工程后直接运行程序，在驱动器列表中单击某个驱动器名，该驱动器下的所有文件夹便会显示在文件夹列表中。

【知识链接】

Change 事件是"文件夹列表"控件最常用的事件，但只有在文件夹列表中双击某一列表项后才会激发 Change 事件。Click 事件是"文件列表"控件最常用的事件，在文件列表中单击某个文件便会激发该事件。如果双击某个文件，便会激发 DblClick 事件。

在文件列表中单击某个文件，该文件被选中，文件名由"文件列表"控件的"FileName"属性记录。"FileName"属性除了可以返回在文件列表中被选中的文件之外，还可以用来设置所要显示的文件的类型。"FileName"属性只能通过代码来设置。例如，如果将"FileName"属性设置成如下形式：

```
File1.FileName ="*.frm"
```

则文件列表中只显示扩展名为".frm"的文件。

（五）实现删除文件功能

实现文件的删除操作。

【基础知识】

在 Visual Basic 6.0 中，文件的删除可以通过 Kill 语句来完成，其语法结构如下：

```
Kill 文件名
```

功能：用来删除"文件名"所指定的文件。

说明：在指定"文件名"时，必须给出文件的详细路径，并且文件名中还可以含有通配符"*"和"?"。例如：

```
Kill   "D:\myfile\*.txt"
```

便可以删除 D 盘"myfile"文件夹下的所有文本文件。另外，在使用 Kill 语句删除文件时，并不会像在 Windows 系统中删除文件那样，会给出一个提示信息，因此使用该语句时必须十分小心，最好在删除文件之前给出相应的提示信息。

【操作步骤】

（1）单击"代码编辑器"窗口中的"对象"列表框右端的箭头，在下拉列表中选择"File1"项，为"文件列表"控件添加 Click 事件：

```
Private Sub File_Click()
    Sfn = File1.FileName
    '选中源文件
    If Right(Dir1,Path,1)<>"\ "Then
        Sourfile = Dir1.Path + "\"+ File.FileName
    Else
        Sourfile = Dir1.Path +File.FileName
    End If
End Sub
```

（2）按照步骤（1）的方法，为"文件列表"控件添加 KeyPress 事件：

```
Private Sub File1_KeyPress(KeyAscii As Integer)
    '选中文件后，如果按下【D】键，则询问是否删除文件
    If KeyAscii = 100 Then
        SureDel = MsgBox("确定要删除文件？", vbYesNo + vbQuestion,_ "删除文件")
        '如果单击"是"按钮，则删除选中文件；如果单击"否"按钮，则不删除文件
        Select Case SureDel
        Case vbYes
            '删除文件
            Kill （SourFile）
            '更新文件列表
            File1.Refresh
        Case vbNo
            Exit Sub
        End Select
    End If
End Sub
```

（3）保存工程后运行程序，在文件列表中单击某个文件。

（4）按下【D】键，弹出如图 8-5 所示的提示框，单击 ▭是(Y)▭ 按钮，删除该文件；单击 ▭否(N)▭ 按钮，不删除该文件。

（5）单击工具栏上的【结束】按钮退出程序。

【知识链接】

"文件列表"控件除了可以响应 Click 事件之外，还可以响应其他鼠标事件（如 MouseDown 事件）以及键盘事件（如 KeyPress 事件）。

键盘是应用程序中常用的输入设备之一，用键盘输入数据时，同样会激发与键盘有关的事件。与键盘有关的事件主要有按键事件（KeyPress 事件）、键按下事件（KeyDown 事件）、键弹起事件（KeyUp 事件）。当按下键盘中的某个键时，除了激发 KeyPress 事件之外，还会激发 KeyDown 事件；松开所按下的键时，便会激发 KeyUp 事件。各个事件的语法结构如下。

● KeyPress 事件

```
Private Sub 控件名_KeyPress（KeyAscii As Integer）

End Sub
```

● KeyDown 事件

```
Private Sub 控件名_KeyDown（KeyCode As Integer,Shift As Interge）

End Sub
```

● KeyUp 事件

```
Private Sub 控件名_KeyUp（KeyCode As Integer,Shift As Interge）

End Sub
```

以上 3 个事件中，"KeyAscii"、"KeyCode"都是整型参数，用来获取当前所按下键的键码。"KeyAscii"获取的是按键上字符的 ASCII 码，"KeyCode"获取的是按键的扫描码，这两个参数都是由系统自动传递过来的，不需要用户另外去设置。例如，在本操作中，KeyPress 事件的参数"KeyAscii"用于获取当前所按键的 ASCII 码值，【D】键所对应的 ASCII 码值为 100。

【小提示】

键盘上的每个键都有一个 ASCII 码和扫描码，ASCII 码反映的是标准的字符信息，而扫描码反映的是按钮的位置信息。因此，参数"KeyCode"不能区分大小写，即大写 A 和小写 a 所对应的"KeyCode"值是一样的，都是"65"，而参数"KeyAscii"则可以区分大小写。

在默认情况下，控件的键盘事件优先于窗体的键盘事件，因此，一旦发生键盘事件，总是控件先响应键盘事件。如果希望窗体先响应键盘事件，则必须将窗体的"KeyPreview"属性设为"True"。

（六）实现复制、剪切和粘贴文件功能

实现文件的复制、剪切和粘贴操作。

【基础知识】

在 Visual Basic 6.0 中，复制文件可以通过 FileCopy 语句来实现，其语法结构如下：

```
FileCopy 源文件名，目标文件名
```

功能：将源文件中的内容复制并粘贴到目标文件中去。

说明：在指定目标文件和源文件时，最好给出详细的路径，并且文件名中不能含有通配符。例如：

```
FileCopy "d:\myfile\11.txt","c:\mydocment\22.txt"
```

该语句便可以将 D 盘"myfile"文件夹下的"11.txt"文件复制并粘贴到 C 盘"mydocument"

文件夹下，并以"22.txt"来命名。

文件的查询可以通过 Dir 函数来实现，其语法结构如下：

字符串变量=Dir（文件名）

该语句的功能是返回与指定"文件名"相匹配的文件。如果没有匹配的文件，则返回空字符。

【操作步骤】

（1）单击"工程管理器"窗口中的"查看代码"按钮，切换到"代码编辑器"窗口。

（2）在"驱动器列表"控件的 Change 事件中，添加如下代码：

```
Private Sub Dir_change()
    File1.Path=Dir1.Path
    '如果已经选择"复制"或"剪切"命令，则将当前路径作为目标路径
    If  SureCopy=1 then
        If Right（Dir1.Path,1）<>"\" Then
            DestFile = Dir1.Path+"\"+sfn
        Else
            DestFile = Dir1.Path+sfn
        End If
    '如果没有，将当前路径作为源路径
    Else
        If Right(Dir1.Path,1)<>"\"Then
            SourPath = Dir1.Path + "\"
        Else
            SourPath = Dir1.Path
        End If
    End If
End Sub
```

（3）在"对象"列表框中选择"mnuCopy"项，为该菜单添加 Click 事件，并添加如
下代码：

```
Private Sub mnuCopy_Click()
    '选择复制命令后，以后路径将作为目标路径
    If sfn = "" Then
        MsgBox"未选中文件"，vbOKOnly + vbCritical, "错误"
        SureCopy = 0
    Else
        SureCopy = 1
        SureDell = False
    End If
End sub
```

（4）在"对象"列表框中选择"mnuCut"项，为该菜单添加 Click 事件，并添加如
下代码：

```
Private sub mnuCut_click()
        '选择剪切命令后，以后路径将作为目标路径，同时删除被选中的文件
        If sfn=" "then
            MsgBox "未选中文件"，vbOKOnly + vbCritical, "错误"
            SureCopy = 0
            SureDell = False
        Else
            SureCopy = 1
            SureDell = true
        End If
End Sub
```

（5）在"对象"列表框中选择"mnuPaste"项，为该菜单添加 Click 事件，并添加如下代码：

```
Private sub munpaste_click
    '如果文件名已经存在，则询问是否覆盖文件
    If    SureCopy=1 then
        If Dir(DestFile) <> "" Then
            Intfile = MsgBox("文件" + Destfile + "已经存在，是否覆盖？",
vbYesNO + vbQuestion + vbDefaultButton2, "覆盖文件")
            Select case intfile
        '覆盖文件
            Case vbYes
                FileCopy Sourfile, Destfile
            Case vbNo
                Exit Sub
            End Select
        Else
            '复制文件
            FileCopy Sourfile, Destfile
        End IF
    End IF
'如果选择的是剪切命令，则删除源文件
    If SureDell = True Then
        Kill (Sourefile)
    End IF
    File.Refresh
End Sub
```

（6）运行应用程序，在文件列表中选中某个文件，便可执行复制、剪切和粘贴操作。

【知识链接】

文件除了可以复制、删除之外，还可以重命名。在 Visual Basic 6.0 中，文件的重命名是用 Name 语句来实现的，其语法结构如下：

> Name 原文件名　AS　新文件名

功能：将"原文件名"改名为"新文件名"。

说明："原文件名"必须是已经存在的文件名，而"新文件名"必须是一个不存在的新的文件名，并且两个文件的路径必须是一样的。如果"新文件名"的路径与"原文件名"的路径不一样，则将原文件移动到"新文件名"所指定的路径下，并将文件改名为"新文件名"。例如：

> Name "d:\myfile\11.txt" As "d:\myfile\22.txt"

该语句便可以将文件"11.txt"改名为"22.txt"。

> Name "d:\myfile\11.txt" As "c:\mydocument\33.txt"

该语句便可以将文件"11.txt"从 D 盘"myfile"文件夹下移动到 C 盘"mydocument"文件夹下，并改名为"33.txt"。

（七）设计弹出式菜单

通过程序调用显示弹出式菜单。

【操作步骤】

（1）单击"工程管理器"窗口中的【查看代码】按钮，切换到"代码编辑器"窗口。

（2）单击"代码编辑器"窗口的"对象"列表框右端的箭头，打开其下拉列表，在下拉列表中选择"File1"项，此时系统自动为文本框添加 Change 常用事件。然后单击"过程"列表框右端的箭头，打开其下拉列表，在下拉列表中选择"MouseDown"项，为"文件列表"控件添加 MouseDown 事件。

（3）在"文件列表"控件的 MouseDown 事件中添加如下代码：

```
Private sub File_MouseDown(Button As Interger, shift As Integer, X as single,Yas single)
        '判断单击的是否是鼠标右键
      If Button = 2 Then
      '单击鼠标右键，显示"编辑"菜单的子菜单
          PopupMenu MnuEdit
      End If
End Sub
```

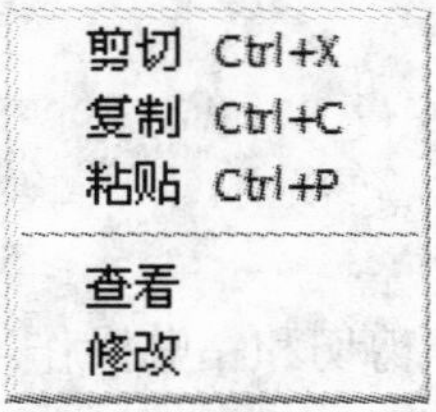

（4）运行程序，在文件列表中单击鼠标右键，弹出如图 8-15 所示的快捷菜单。

（5）单击工具栏上的【结束】按钮，退出程序。

【知识链接】

鼠标是应用程序中最常用的输入设备之一，因此在设计应用程序时必须灵活使用鼠标事件。鼠标事件主要包括单击事件（Click 事件）、双击事件（DblClick 事件）、鼠标按下事件（MouseDown 事件）、鼠标弹起事件（MouseUp 事件）、鼠标移动事件（MouseMove 事件）。

单击事件（Click 事件）是鼠标事件中应用最广的事件，大多数控件都能响应该事件。

剪切	Ctrl+X
复制	Ctrl+C
粘贴	Ctrl+P
查看	
修改	

图 8-15　弹出式菜单

在窗体上单击某个控件，便会激发 Click 事件，其语法结构如下：

```
Private Sub 控件名_click()

End Sub
```

单击控件除了激发 Click 事件之外，还激发了 MouseDown 事件和 MouseUp 事件，这 3 个事件所发生的顺序因控件的不同而不同。例如，对于"列表框"控件和"命令按钮"控件，这 3 个事件按以下先后顺序发生：MouseDown 事件、Click 事件、MouseUp 事件。对于"文件列表"控件、"标签"控件、"图片框"控件，这 3 个事件按以下顺序先后发生：MouseDown 事件、MouseUp 事件、Click 事件。

当在某个控件上按下鼠标时，便会激发鼠标按下事件，即 MouseDown 事件；如果松开鼠标，便会激发鼠标弹起事件，即 MouseUp 事件；在控件上移动鼠标，便会激发鼠标移动事件，即 MouseMove 事件。

上述 3 种鼠标事件的语法结构如下。

● 鼠标按下事件

```
Private Sub 控件名_MouseDown(Button As Integer,Shift As Integer,X As Single,Y As Single)

End Sub
```

● 鼠标弹起事件

```
Private Sub 控件名_MouseUp(Button As Integer,Shift As Integer,X As Single,Y As Single)

End Sub
```

● 鼠标移动事件

```
Private Sub 控件名_MouseMove(Button As Integer,Shift As Integer,X As Single,Y As Single)

End Sub
```

以上 3 个鼠标事件过程都具有相同的参数，即"Button"、"Shift"、"X"、"Y"，这 4 个参数是由系统给出的，不需要用户去给定，各个参数的说明如下。

● "Button"参数

"Button"是一个整型参数，用来获取用户所按下的鼠标键，其取值见表 8-2。

表 8-2 "Button"参数值

Button 值	常 值	说 明
000（十进制 0）		未按任何键
001（十进制 1）	vbLeftButton	左键被按下(默认值)
010（十进制 2）	vbRightButton	右键被按下
011（十进制 3）	vbLeftButton + vbRightButton	同时按下左键和右键

续表

Button 值	常　值	说　明
100（十进制 4）	vbMiddleButton	中键被按下
101（十进制 5）	vbMiddleButton+vbLeftButton	同时按下中键和左键
110（十进制 6）	VbMiddleButton+vbRightButton	同时按下中键和右键
111（十进制 7）	vbMiddleButton+vbLeftButton+vbRightButton	3 个键同时被按下

对于 MouseDown、MouseUp 事件，"Button"参数的取值只能有 3 种，即 001（十进制 1）、010（十进制 2）和 011（十进制 3）。而对于 MouseMove 事件，"Button"参数可取表 8-2 中的任何值。

● "Shift"参数

"Shift"是一个整型参数，反映了在按下鼠标的同时，【Shift】、【Alt】、【Ctrl】这 3 个键的状态。"Shift"参数用于获取【Shift】、【Alt】、【Ctrl】键的状态，其取值见表 8-3。

表 8-3　　"Shift"参数值

Shift 值	常　量	说　明
000（十进制 0）		未按任何键
001（十进制 1）	vbShiftMask	按下【Shift】键
010（十进制 2）	vbCtrlMask	按下【Ctrl】键
011（十进制 3）	vbShiftMask+vbCtrlMask	同时按下【Shift】键和【Ctrl】键
100（十进制 4）	vbAltMask	按下【Alt】键
101（十进制 5）	vbAltMask+vbShiftMask	同时按【Alt】键和【Shift】键
110（十进制 6）	vbAltMask+vbCtrlMask	同时按下【Alt】键和【Ctrl】键
111（十进制 7）	vbAltMask+vbCtrlMask+vbShiftMask	3 个键同时被按下

● "X"、"Y"参数

"X"、"Y"参数用于记录鼠标指针所在的位置，其中，参数"X"记录指针的横坐标，参数"Y"记录指针的纵坐标。参数"X"、"Y"随着鼠标的移动而改变。

任务二　　设计学生信息修改功能

（一）设计学生信息修改界面

设计如图 8-6 所示的学生信息修改界面，其菜单栏结构如图 8-7 所示。

【基础知识】

前面所讲的文件管理控件只能实现显示的功能，还不能实现对文件进行打开、读写等基本操作。要想对文件进行一些基本的操作，还必须使用 Visual Basic 6.0 中专门的语句或函数。

字符是构成文件的最基本单位，一个汉字或一个英文字母都可看作是一个字符。字段是由若干个字符组成的，用来表示某一项数据，并且这些字符不能拆开，例如，一个学生的姓名便是一个字段。若干相关字段的组合便构成了记录。例如，一组学生的信息管理文件中，每一行便是一条记录，每个记录由学号、姓名、班级和专业 4 个相关的字段组成，而每个字段又是由若干个字符所组成。

学号	姓名	班级	专业
2001001	张三	管理 2001	工商管理
2001002	李四	管理 2001	市场营销
⋮	⋮	⋮	
2001080	王小二	计算机 2002	计算机

根据不同的分类标准，可将文件分为各种不同的类别。例如，按文件性质的不同，可将文件分为数据文件和程序文件；按文件是否可直接运行，可将文件分为可执行文件和非可执行文件。在 Visual Basic 6.0 中，按访问方式的不同，可将文件分为顺序文件、随机文件和二进制文件 3 种类型。文件的类型不同，其读/写操作所使用的方法也不同。

【操作步骤】

（1）执行"工程"→"添加窗体"命令，弹出"添加窗体"对话框，窗体图标默认被选中，然后单击 打开(0) 按钮，向应用程序中添加 1 个新窗体。

（2）在"工程管理器"窗口中，双击 Form2 (Form2.frm)图标，选中"Form2"窗体。

（3）向窗体中添加一个"文本框"控件，删除"Text1"属性中的"Text1"，并将"名称"属性设为"txtText"，"MultiLine"属性设为"True"，"ScrollBars"属性设为"3-Both"。

（4）执行"工具"→"菜单编辑器"命令，打开"菜单编辑器"，按表 8-4 的顺序新建 3 个菜单。

（5）单击"菜单编辑器"对话框中的 确定 按钮，生成菜单栏。

（6）执行"工程"→"部件"命令，弹出"部件"对话框，在对话框中选中"Microsoft Common Dialog Control 6.0"列表栏。

（7）单击 确定 按钮，关闭"部件"对话框，向工具箱中添加"通用对话框"控件。

表 8-4　菜单的属性

序　　号	属　　性	属　性　值	级　　别
1	标题	文件	一级菜单
	名称	mnuFile	
2	标题	打开	二级菜单
	名称	mnuFileOpen	
	快捷键	【Ctrl+O】	
3	标题	保存…（&S）	二级菜单
	名称	mnuFileSave	
	快捷键	【Ctrl+S】	

（8）在工具箱中，双击"通用对话框"控件，向窗体中添加"通用对话框"控件。

（9）在窗体上单击"通用对话框"，选中该控件，并将"Filter"属性设为"文本文件（*.txt)|*.txt"。

【知识链接】

"通用对话框"控件的"Filter"属性用来返回或设置文件过滤器，由描述信息和通配符两部分组成，中间用"|"隔开。如步骤（9）中，"Filter"属性为"文本文件（*.txt)|*.txt"，其中"文本文件（*.txt）"为描述信息，"*.txt"为通配符，中间用"|"相隔。

除了通过设置"Filter"属性来显示某一类型的文件之外，还可以通过设置"Filter"属性来显示几种不同类型的文件，但在各种类型的文件之间必须用"|"相隔。例如，将"Filter"属性设为"文本文件（*.txt)|*.txt 窗体文件（*.frm)|*.frm"，则文件列表中除了显示扩展名为".txt"的文本文件外，还显示扩展名为".frm"的窗体文件。

（二）实现学生信息修改界面的打开

在文件列表中选中源文件后，执行"编辑"→"修改"命令（或双击文件名），弹出如图 8-6 所示的学生信息修改界面，并将所选文件中的内容显示在文本框中，如图 8-6 所示。

【操作步骤】

（1）执行"工程"→"添加模块"命令，为应用程序添加一个模块。

（2）在"工程管理器"窗口中，双击 Module1 (Module1.bas) 图标。

（3）在模块的"代码编辑器"窗口中添加如下代码，定义公有变量。

```
Public fName As String
```

（4）在"工程管理器"窗口中单击 Form1 (Form1.frm) 图标。

（5）单击"代码编辑器"窗口的"对象"列表框右端的箭头，打开其下拉列表，在下拉列表中选择"File1"项。然后单击"过程"列表框右端的箭头，打开其下拉列表，在下拉列表中选择"DblClick"项，为文件列表添加 DbClick 事件，并添加如下代码：

```
Private Sub File1_DbClick()
    '得到编辑文件的详细路径
    fName = Dir1.Path + "\"+ File1.FileName
    '打开文件修改窗体
    Form2.Show
    Form1.Hide
End Sub
```

（6）按步骤（5）的方法，为 MunModi_Click 事件添加如下代码：

```
Private Sub MnuModi_click()
    '得到编辑文件的详细路径
    fName = Dir1.Path +"\"+FileName
    '打开文件修改窗体
    Form2.Show
    Form1.Hide
End Sub
```

（三）实现打开（读）文件功能

当加载学生信息修改界面或执行"文件"→"打开"命令时，读入所选文件的内容并显示在文本框中。

【基础知识】

当文件为顺序文件时，如文本文件，可以使用"Line Input#"语句来读取文件中的一行数据，其语法结构如下：

> Line Input #filenumber,varname

其中，参数"filenumber"为必选参数，对应于用 Open 语句打开文件时所指定的文件号；参数"varname"为必选参数，用来保存从文件中读出的数据。

除了可以使用"Line Input#"语句来读取顺序文件中的数据之外，还可以使用 Input 函数或"Input#"语句来读取顺序文件中的数据。

使用 Input 函数来读取文件数据的语法结构为：

> 字符串变量名=Input{number，[#]filenumber}

其中，参数 number 为必选参数，用于指定要读取的长度；参数 filenumber 为必选参数，对应于用 Open 语句打开文件时所指定的文件号。使用"Input#"语句来读取文件数据的语法结构为：

> Input #filenumber,varlist

其中，参数"filenumber"为必选参数，对应于用 Open 语句打开文件时所指定的文件号；参数"varlist"为必选参数，用来保存从文件中读出的数据，变量之间用逗号隔开。

【操作步骤】

（1）在"工程管理器"窗口中单击 Form2 (Form2.frm) 图标。

（2）单击"工程管理器"窗口中的"查看代码"按钮，切换到"代码编辑器"窗口。

（3）在"代码编辑器"窗口中的"通用"→"声明"区添加如下代码：

```
Sub EditOpen()
    If fName <> "" Then
        '打开顺序文件
        Open fName For Input As #1
        '读取顺序文件中的内容，并将它显示到文本框中
        Do While Not EOF(1)
            Line Input #1, text
            textbuff = textbuff + text + Chr(13) + Chr(10)
            TxtText.text = textbuff
        Loop
        Close #1
    End If
End Sub
```

（4）为窗体加载事件添加如下代码：

```
Private Sub Form_Load()
    Call EditOpen
End Sub
```

（5）为"打开"菜单的单击事件添加如下代码：

```
Private Sub MnuOpen_Click()
    Dim text As String
    Dim textbuff As String
        '显示"打开"对话框
        CommonDialog1.ShowOpen
        fName = CommonDialog1.FileName
        Call EditOpen
End Sub
```

（6）为窗体卸载事件添加如下代码：

```
Private Sub Form_Unload(Cancel As Integer)
    Form1.Show
End Sub
```

【知识链接】

无论何种类型的文件，在对文件进行读/写操作之前，首先必须使用 Open 语句将文件打开，其语法结构如下：

```
Open filename For mode As [#]filenumber
```

各参数的说明见表 8-5。

表 8-5　Open 语句的参数说明

参　　数	说　　明
filename	必选参数，为字符串表达式，用于指定文件名，文件名还可以包括文件的详细路径
mode	必选参数，用于指定文件的打开方式，可取 Append（附加方式）、Binary（二进制方式）、Input（读入方式）、Output（输出方式）、Random（随机方式）等值。如果未指定存取方式，则以 Random（随机方式）打开文件
filenumber	必选参数，其值为一个有效的文件号，取值范围为 1～511。使用 FreeFile 函数可得到下一个可用的文件号

如果要读取文件数据，则必须以 Input 方式打开文件。如果要写入数据到文件中，则必须以 Output 或 Append 方式打开文件。在对文件进行读/写操作之后，必须使用 Close 语句关闭已打开的文件，其语法结构如下：

```
Close [filenumberlist]
```

其中，参数"filenumberlist"为可选参数，其值为一个或多个有效的文件号。当"filenumberlist"为多个文件号时，其间必须以逗号相隔，即"#文件号，#文件号……"。如果省略参数

"filenumberlist"，则关闭用 Open 语句打开的所有文件。

（四）实现保存（写）文件功能

完成文件的修改工作后，执行"文件"→"保存"菜单命令，将文本框中的内容保存到文件中。

【基础知识】

向顺序文件中写入数据，可以使用 Print 语句来完成，其语法结构如下：

> Print #filenumber，printlist

其中，参数"filenumber"为必选参数，对应于用 Open 语句打开文件时所指定的文件号；参数"printlist"为可选参数，为将要被写入文件的数据列表。例如，在本操作中，通过代码"Print#1，txtText.text"，将文本框中的内容写入到文件号为"1"的文件中。

除了可以用 Print 语句向顺序文件中写入数据之外，还可以用"Write#"语句向顺序文件中写入数据，其语法结构如下：

> Write #filenumber, printlist

各参数的说明和"Print#"语句一样。另外，用"Print#"语句写入的数据一般用"Line Input#"或"Input"语句读出，而用"Write#"语句写入的数据通常用"Input#"语句读出。

【操作步骤】

（1）单击"工程管理器"窗口中的"查看对象"按扭，切换到"窗体设计器"窗口。

（2）执行"文件"→"保存"命令，为其添加 Click 事件，并在相应事件中添加如下代码：

```
Private Sub MnuFileSave_Click()
    Dim fName As String
    Dim text As String
    Dim textbuff As String
    '显示"另存为"对话框
    CommonDialog1.ShowSave
    fName = CommonDialog1.FileName
    If fName <> "" Then
        '打开顺序文件
        Open fName For Output As #1
        '将文本框中的内容写入文件
        Print #1, TxtText.text
        '关闭文件
        Close #1
    End If
End Sub
```

（3）保存工程，运行程序。

（4）在文件列表中选中源文件后，执行"编辑"→"修改"命令（或双击文件名），弹出如图 8-6 所示的学生信息修改界面，并将所选文件中的内容显示在文本框中，如图 8-6 所示，其菜单栏结构如图 8-7 所示。

（5）修改完成，执行"文件"→"保存"命令，将修改结果保存在所选文件中。

（6）执行"文件"→"打开"命令，打开所需修改的文件。

（7）单击学生信息修改界面右上角的关闭按钮▣，回到文件资源管理器界面。

【知识链接】

在 Visual Basic 6.0 中，除了在本操作中已用到的文件操作语句（如 Open、Close 等语句）外，还有以下常用文件操作语句或函数。

● EOF 函数

EOF 函数返回一个布尔型或逻辑型的数据，用于测试是否已经到达文件结束部分，其语法结构如下：

　　　　EOF（filenumber）

其中，参数"filenumber"为必选参数，对应于用 Open 语句打开文件时所设的文件号。只有到达文件的结尾部分，EOF 才返回 True，否则返回 False。在对文件进行操作时，可使用 EOF 函数来判断是否到达文件尾部，以避免因试图在文件结尾处写入数据而产生错误。

● FreeFile 函数

FreeFile 函数返回下一个可供 Open 语句所使用的文件号，其语法结构如下：

　　　　FreeFile[（rangenumber）]

其中，参数"rangenumber"为可选参数，用于指定文件号的取值范围，以便 FreeFile 函数返回在该范围内的下一个可用的文件号。如果"rangenumber"为"0"，表示 FreeFile 函数返回一个介于 1～255 的有效文件号；如果"rangenumber"为"1"，表示 FreeFile 函数返回一个介于 256～511 的有效文件号。

● FileLen 函数

FileLen 函数返回一个表示文件大小的长整型数据，其语法结构如下：

　　　　FileLen(pathname)

其中，参数"pathname"为必选参数，为一个字符串表达式，用于指定文件的详细路径。使用 FileLen 函数来获取文件的大小时，可以不必先打开相应的文件。如果所指定的文件已经被打开，则 FileLen 函数的返回值是文件被打开前的大小。

● LOF 函数

LOF 函数返回一个表示文件大小的长整型数据，其语法结构如下：

　　　　LOF(filenumber)

其中，参数"filenumber"为必选参数，对应于用 Open 语句打开文件时所设的文件号。LOF 函数虽然可以得到文件的大小，但必须先使用 Open 语句打开文件。

在本操作中，同学们不妨用 Input 函数或"Input #"语句来读取顺序文件，用"Write#"语句向顺序文件中写入数据，然后分别运行（注意：每保存一次文件，文件的名字各不一样），看看保存的文件有什么区别。

任务三　设计学生信息查看功能

设计一个学生成绩查询系统，见图 8-8，在该系统中，不但可以添加或显示学生的学号、姓名、成绩，而且还可以按学号查找某个学生的姓名、成绩。

（一）设计学生信息查看界面

设计如图 8-8 所示的学生信息查看界面。

【操作步骤】

（1）执行"工程"→"添加窗体"命令，弹出"添加窗体"对话框，窗体图标默认被选中，然后单击 打开(0) 按钮，向应用程序中添加一个新窗体。

（2）在"工程管理器"窗口中，双击 Form3 (Form3.frm) 图标，打开窗体"Form3"。

（3）向窗体中添加 3 个"标签"控件，3 个"文本框"控件，5 个"命令按钮"控件，并调整控件的位置及大小至如图 8-16 所示的效果。

（4）参照表 8-6 设置相关控件的属性。

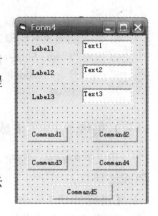

图 8-16　调整后的窗体

表 8-6　控件属性

控　件	属　　性	属　性　值	控　件	属　　性	属　性　值
"Label1"	"Caption"	学号	"Commond1"	"名称"	cmdAdd
"Label2"	"Caption"	姓名		"Caption"	新增成绩
"Label3"	"Caption"	成绩	"Commond2"	"名称"	cmdPrevious
"Text1"	"名称"	txtNum		"Caption"	上一记录
	"Text1"	删除 Text1	"Commond3"	"名称"	cmdNext
	"MaxLength"	8		"Caption"	下一记录
"Text2"	"名称"	txtName	"Commond4"	"名称"	cmdFind
	"Text2"	删除 Text2		"Caption"	查找
"Text3"	"名称"	txtScom	"Commond5"	"名称"	cmdBack
	"Text3"	删除 Text3		"Caption"	返回

（二）实现学生信息查看界面的打开

在文件列表中选中源文件后，执行"编辑"→"查看"命令，弹出如图 8-8 所示的学生信息查看界面，并将所选文件中的第一个记录显示在文本框中，如图 8-8 所示。

【操作步骤】

（1）在"工程管理器"窗口中单击 Form1 (Form1.frm) 图标。

（2）单击"工程管理器"窗口中的"查看代码"按钮，切换到"代码编辑器"窗口。

（3）在"代码编辑器"窗口中的"对象"列表框中选择"MnuCheck"项，在"过程"列表框中选择"Click"项，为"查看"菜单添加 Click 事件，并在相应事件中添加如下代码：

```
Private Sub MnuCheck_Click()
    '得到编辑文件的详细路径
    fName = Dir1.Path + "\" + File1.FileName
    '打开文件编辑查看窗体
    Form3.Show
    Form1.Hide
End Sub
```

（三）实现新增学生成绩功能

单击 新增成绩 按钮，清空文本框内容，如图 8-9 所示，可向所选文件中新增一个学生的成绩信息。

【基础知识】

随机文件的写操作是通过"Put#"语句来实现的，"Put#"语句的语法结构如下：

```
Put #filenumber, [recnumber],varname
```

其中，参数"filenumber"为必选参数，对应于用 Open 语句打开文件时所指定的文件号；参数"recnumber"为可选参数，为写入记录的编号，用来表示写入数据的位置；参数"varname"为必选参数，为具体的写入数据。

【操作步骤】

（1）在"工程管理器"窗口中单击 Form1 (Form1.frm) 图标。

（2）单击"工程管理器"窗口中的"查看代码"按钮，切换到"代码编辑器"窗口。

（3）双击窗体，并在"代码编辑器"窗口的"通用"/"声明"区添加如下代码：

```
'自定义记录类型
Private Type stu
    sNum As String * 10
    sName As String * 10
    Score As String * 4
End Type

Dim gstu As stu
Dim recordlen As Integer
Dim currentrecord As Integer
Dim lastrecord As Integer
```

```
Public Sub SaveCurrent()
    '保存当前记录
    gstu.sNum = TxtNum.text
    gstu.sName = TxtName.text
    gstu.Score = TxtScore.text
    Put #1, currentrecord, gstu
End Sub
```

（4）为窗体加载事件添加如下代码：

```
Private Sub Form_Load()
recordlen = Len(gstu)
If fName <> "" Then
    Open fName For Random As #1 Len = recordlen
    currentrecord = 1
    lastrecord = FileLen(fName) / recordlen
    If lastrecord = 0 Then
        lastrecord = 1
    End If
    ShowCurrent
End If
End Sub
```

（5）为 返回 按钮的单击事件添加如下代码：

```
Private Sub cmdback_Click()
    Unload Form3
    Form1.Show
End Sub
```

（6）为窗体卸载事件添加如下代码：

```
Private sub form_unload(cancel As Integer)
    Close #1
End Sub
```

【小提示】

代码"Open fName For Random As #1 Len=recordlen"表明以随机的方式打开文件，在接下来进行读写操作时，便是对随机文件进行操作。另外，在打开文件时，还指明文件的长度。

（7）单击"工程管理器"窗口中的"查看对象"按钮，切换到"窗体设计器"窗口。

（8）为 新增成绩 按钮的单击事件添加如下代码：

```
Private Sub cmdAdd_Click()
    '将所输入的记录保存到文件的最后
    SaveCurrent
    '在文件的最后增加一个空白记录，并保存
```

```
        lastrecord = lastrecord + 1
        currentrecord = lastrecord
    '保存后，将文本框中的内容清除
        TxtNum.text = ""
        TxtName.text = ""
        TxtScore.text = ""
        TxtNum.SetFocus
    End Sub
```

（四）实现显示、查找学生成绩功能

单击 上一记录 按钮，则在相应的文本框中显示前一个学生的成绩信息。如果到达文件顶部，则弹出如图 8-10 所示的"错误"提示框。单击 下一记录 按钮，则在相应的文本框中显示下一个学生的成绩信息。如果到达文件底部，则弹出如图 8-11 所示的"错误"提示框。单击 查找 按钮，则弹出如图 8-12 所示的"查找"对话框，在对话框中输入学生的学号，便可以按学号查找学生的成绩信息。单击　返回　按钮，回到文件资源管理器界面。

【基础知识】

随机文件的读操作是通过"Get#"语句来完成的，其语法结构如下：

```
        Get #filenumber,[recnumber],varname
```

其中，参数"filenumber"为必选参数，对应于用 Open 语句打开文件时所指定的文件号；参数"recnumber"为可选参数，为读出记录的编号，用来表示读取数据的位置；参数"varname"为必选参数，为一个有效的变量名，用来存储读出的数据。

【操作步骤】

（1）在"代码编辑器"窗口中的"通用"/"声明"区添加如下代码：

```
Public Sub ShowCurrent()
        '显示当前记录
        Get #1, currentrecord, gstu
        TxtNum.text = gstu.sNum
        TxtName.text = gstu.sName
        TxtScore.text = gstu.Score
End Sub
```

（2）为窗体加载事件添加如下代码：

```
Private Sub Form_Load()
  recordlen = Len(gstu)
  Open "E:\成绩\11.txt" For    Random As #1 Len = recordlen
      currentrecord = 1
      lastrecord = FileLen("e:\成绩\11.txt") / recordlen
      lastrecord = FileLen(fName) / recordlen
      If lastrecord = 0 Then
          lastrecord = 1
```

```
            End If
            ShowCurrent
        End If
    End Sub
```

（3）为 上一记录 按钮的单击事件添加如下代码：

```
    Private Sub cmdPrevious_Click()
        '如果当前记录已为第一个记录，也不能再显示
        If currentrecord = 1 Then
            Beep
            MsgBox "已到文件顶部！", vbOKOnly + vbExclamation, "错误"
        Else
        '如果当前不是第一个记录，则先保存当前记录然后再显示当前记录
            SaveCurrent
            '将当前记录移到上一个记录
            currentrecord = currentrecord - 1
            '显示当前记录
            ShowCurrent
        End If
        TxtNum.SetFocus
    End Sub
```

（4）为窗体卸载事件添加如下代码：

```
    Private Sub Form_Unload(Cancel As Integer)
        Close #1
    End Sub
```

（5）单击"工程管理器"窗口中的"查看对象"按钮，切换到"窗体设计器"窗口。

（6）在窗体上双击 下一记录 按钮，为其添加 Click 事件，并在相应事件中添加如下代码：

```
    Private Sub cmdNext_Click()
        '如果当记录为最后的记录，则不能再显示
        If currentrecord = lastrecord Then
            Beep
            MsgBox "已显示完全部成绩！", vbOKOnly + vbExclamation, "错误"
        Else
        '如果当前记录不是最后记录，则先保存当前记录
            '然后再显示当前记录
            SaveCurrent
            '当前记录移到下一个记录
            currentrecord = currentrecord + 1
            '显示当前记录
            ShowCurrent
        End If
```

```
    TxtNum.SetFocus
End Sub
```

（7）为 查找 按钮的单击事件添加如下代码：

```
Private Sub cmdFind_Click()
  Dim nsearch As String
  Dim found As Boolean
  Dim recnum As Long
  Dim fstu As stu
  '输入要查找的学生的学号
  nsearch = InputBox("请输入要查找的学生的学号：", "查找")
  If nsearch = "" Then
      Exit Sub
  End If
  found = False
  '从文件的第一个记录开始找起
  '直到找到某个记录中的学号字段和所输入的学号一致为止
  For recnum = 1 To lastrecord
      Get #1, recnum, fstu
      If nsearch = Trim(fstu.sNum) Then
          found = True
          Exit For
      End If
  Next
  '如果找到了，就显示该记录
  If found = True Then
    SaveCurrent
    currentrecord = recnum
    ShowCurrent
    '否则提示用户未找到该学生
  Else
      MsgBox "无学号为" + nsearch + "的成绩"
  End If
End Sub
```

（8）运行应用程序，并执行相关操作。

（9）保存工程。

【知识链接】

由于随机文件是由固定长度的记录所组成的，每个记录又是由若干固定长度的字段所组成，因此在定义各个字段时不仅要给出字段的数据类型，还要给出字段的长度，并且记录只有被声明后，才可以来定义一个记录类型的变量。声明记录的语法结构如下：

```
Private Type  记录名
    字段 1 名 As  数据类型*长度
```

> 字段 2 名 As 数据类型*长度
> ⋮
> 字段 *n* 名 As 数据类型*长度
>
> End Type

在上一操作中，程序的开始便声明了一个名为"stu"的记录类型，它包含 3 个字段：一个字段名为"sNum"，数据类型为字符型，长度为 10 个字节，用于存放学生的学号；一个字段名为"sName"，数据类型为字符型，长度为 20 个字节，用于存放学生的姓名；一个字段名为"Score"，数据类型为字符型，长度为 4 个字节，用于存放学生的成绩。

随机文件只能对定长的记录进行读/写操作，而二进制文件可以对不定长的记录进行读/写操作，这样便可以节省大量的磁盘空间。二进制文件以字节为单位来访问文件，允许用户随意地组织或访问数据。在用 Open 语句以 Binary 方式打开文件后，便可以在文件的任何位置读写任何形式的数据，因此，二进制文件是最为灵活的。二进制文件的读写操作所使用的语句和随机文件是一样的，即使用"Get#"语句来读二进制文件时，使用"Put#"语句向二进制文件中写入数据，但两者语句中参数的含义有所不同。参数"recnumber"表示的不是第几个记录，而是第几个字节。另外，参数"varname"可以是任意类型的变量，而不仅仅是记录型变量，但通常把参数"varname"定义为字节型变量。

项目实训　动态创建文件

编写程序，要求用户动态创建文件，并通过弹出式对话框输入文件内容，其要求如下：
● 运行工程，其运行界面如图 8-17 所示。
● 单击【浏览】按钮，弹出"另存为"对话框，选择文件保存路径，如"F:\VB\"，创建文件"abc.txt"。单击【保存】按钮，回到程序界面，如图 8-18 所示。

图 8-17　程序运行界面

图 8-18　成功创建文件界面

● 单击【创建文件并输入数据】按钮，弹出成功创建文件提示对话框，如图 8-19 所示。
● 单击【确定】按钮，弹出"请输入学生个数"对话框，如图 8-20 所示。

图 8-19　成功创建文件提示界面

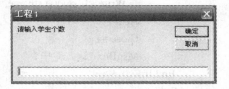

图 8-20　"请输入学生个数"对话框

● 在文本框中输入学生个数，单击【确定】按钮，弹出输入第一个学生姓名对话框。

● 按照提示，依次输入每个学生的信息。

【操作步骤】

（1）新建一个工程，将工程命名为"动态创建文件"，并保存在文件夹中。

（2）设计应用程序界面，如图 8-17 所示。

（3）在"代码编辑器"窗口的"通用"/"声明"区添加如下代码：

```vb
Private Type stu
    Stname As String *10
    num As String
    age As Integer
    addr As String
End Type
```

（4）为【浏览】按钮的单击事件添加如下代码：

```vb
Private Sub Command1_click()
    commonDialog1.Filter="txt(*.txt)|*.txt|doc(*.doc)|*.doc"
    commonDialog1.showSave
    Text.text=CommonDialog1.FileName
End Sub
```

（5）为【创建文件并输入数据】按钮的单击事件添加如下代码：

```vb
Private Sub Command2_click()
    If Text1.text="" Then
        MsgBox "文件名不能为空"
    Else
        Open text1.text For Output As #1
        msgBox "创建文件成功，请按鼠标提示输入学生信息 1"
        Static stud() As stu
        n=InputBox("请输入学生个数：")
        ReDim stud(n) As stu
        For i=1 To n
                stud(i).stname = InputBox("请输入姓名:")
                stud(i).num = InputBox("请输入年级:")
                stud(i).age = InputBox("请输入年龄:")
                stud(i).addr = InputBox("请输入地址:")
                Write #1, stud(i).stname, stud(i).num, stud(i).age, stud(i).addr
        Next i
        Close #1
        MsgBox "输入完毕！"
    End If
End Sub
```

（6）为窗体双击事件添加如下代码：

```
Private Sub Form_DblClick()
    End
End Sub
```

（7）运行应用程序，并执行相关操作。

（8）保存工程。

项 目 小 结

Visual Basic 6.0 为用户提供了强大的文件处理功能，使用 Visual Basic 6.0 所提供的文件处理控件、语句和函数，便可以让应用程序具有数据保存和打开的功能。由于不同的文件类型所使用的操作方法是不一样的，因此编写一个完整的文件处理程序是一项比较复杂的任务，其中文件处理过程是最基础的部分。

本项目完成了学生成绩管理系统的开发设计，分为 3 个任务：文件资源管理器的设计、学生信息修改功能的设计和学生信息查看功能的设计。通过本项目的学习，可以了解文件的基本概念、掌握文件的分类、掌握 3 种常用的文件管理控件的使用、掌握文件的读/写操作、掌握文件的基本操作、了解与文件有关的基本知识以及熟悉键盘事件的使用。

思 考 与 练 习

一、选择题

1. 下面哪种文件命名的方式是错误的（   ）。

    A．"d:\myfile\l l.txt"   B．"d:\11.txt"

    C．"d:\myfile\11"   D．"d:\myfile\11\11.txt"

2. 要想获得使用 Open 语句所打开的文件的大小可以使用（   ）。

    A．LOF 函数   B．Len 函数   C．FileLen 函数   D．EOF 函数

3. （   ）只能从顺序文件中读出英文字符，非英文字符不能读出。

    A．Input #语句   B．Input 函数   C．Line Input # 语句   D．Get 语句

4. 二进制文件除了可以使用 "Get#" 语句读出数据之外，还可以用（   ）来读出数据。

    A．Print 语句   B．Input 函数   C．Line Input#语句   D．Input#语句

5. 如果要将文件 "11.txt" 改名为 "22.txt"，下面代码中正确的是（   ）。

    A．Name   "11.txt"   As   "22.txt"

    B．Name   "d:\myfile\11.txt"   As   "c:\myfile\22.txt"

    C．Name   "11.txt"   As   "c:\myfile\22.txt"

    D．Name   "d:\myfile\11.txt"   As   "22.txt"

二、填空题

1. 文件是由_____组成的，_____是由字段组成的，而字段是由_____组成的。Visual Basic 6.0 按访问文件方式的不同将文件分为_____、_____、_____ 3 种类型。

2. 改变默认的驱动器，可以通过设置驱动器控件的_____属性；"文件夹列表"控件的当前路径被_____属性所记录；"文件列表"控件中被选中的文件被_____属性所记录。

3. 使用 Open 语句打开文件，可以以_____、_____、_____、_____和_____ 5 种不同的方式来打开文件。

4. 可以使用_____函数来获取下一个可用的文件号；可以使用_____函数来检验是否到达文件的结尾部分；关闭文件可以使用_____语句。

5. 顺序文件可以通过_____语句或_____语句将数据写入文件，而读取文件中的数据可以使用_____语句、_____语句或_____函数来实现。随机文件和二进制文件的读操作可以通过_____语句来实现，写操作可以通过_____语句来实现。

6. 要删除一个文件，可以使用_____语句；要重命名一个文件可以使用_____语句；要复制一个文件可以使用_____语句。

7. 与键盘有关的事件包括_____、_____、_____，其中，_____在单击键盘键时被激发，_____在按下键盘键时被激发，_____在松开键盘键时被激发。

三、问答题

1. 简述记录、字段和字符三者之间的关系。

2. 文件的读/写操作一般要经历哪几个过程？

3. 使用 "Print#" 语句和 "Write#" 语句将数据写入顺序文件中，二者有什么区别？

4. 随机文件的读/写操作一般要经历哪几个过程？

四、编程题

1. 使用 3 个文件控件，编写一个简单的文件显示界面，并且在"文件列表"控件中只显示文本文件（*.txt）。

2. 编写一个简单的文本编辑器程序，能实现简单的打开和保存功能。

3. 编写一个程序，测试所按的键是数字键还是字母键。运行程序，在键盘上按下任意一个数字键或字母键，这时窗体上便会显示所按键的类型，如图 8-21 所示。

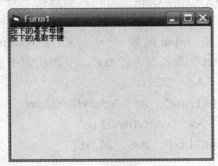

图 8-21 程序运行后的界面

项目九　设计简易画图程序

本项目使用 Visual Basic 6.0 开发一个简单的画图程序，如图 9-1 所示，利用该程序，能够绘制一些简单的图形，还可以设置线型、颜色以及线宽，通过本项目的学习，掌握 Visual Basic 6.0 的绘图方法。

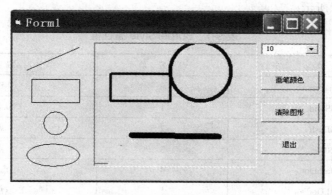

图 9-1　简易画图程序运行界面

【项目要求】

- 单击"直线"图标，然后在图片框上按住鼠标左键，拖动鼠标，可以画出一条直线；
- 单击"矩形"图标，然后在图片框上按住鼠标左键，拖动鼠标，可以画出一个矩形；
- 单击"圆"图标，然后在图片框上按住鼠标左键，拖动鼠标，可以画出一个圆；
- 单击"椭圆"图标，然后在图片框上按住鼠标左键，拖动鼠标，可以画出一个椭圆；
- 单击【画笔颜色】按钮，就可以为画笔设置颜色，从而改变图形的颜色；
- 单击【清除图形】按钮，就可以清除图片框上的所有图形；
- 在【画笔尺寸】列表中，可以为画笔设置尺寸；
- 单击【退出】按钮，则退出应用程序。

【学习目标】

✧ 熟悉 Visual Basic 6.0 的绘图方法
✧ 掌握"直线"控件的常用属性和基本用法
✧ 掌握"形状"控件的常用属性和基本用法
✧ 熟练使用常用函数来绘制图形
✧ 了解简单动画的设计方法

【基础知识】

（一）"直线"控件（Line）

可用来绘制简单的直线段，它是用 X1、Y1、X2 和 Y2 属性来确定它的起点和终点的，起始点为（X1，Y1），终点为（X2，Y2）的坐标。用户可以在窗体、图片框中创建 Line

控件。运行时不能使用 Move 方法移动 Line 控件，但是可以通过改变 X1、X2、Y1 和 Y2 属性值来移动它或者调整它的大小。另外通过对属性的设置，可以改变直线的粗细，颜色和线型，"直线"控件的相关属性如下。

1. "BorderColor"属性

BorderColor 返回或设置线条的颜色。

2. "BorderStyle"属性

BorderStyle 返回或设置线条的线型，其取值范围为 0～6，每个属性值的意义见表 9-1，对应线型如图 9-2 所示。

表 9-1   BorderStyle 属性值

常 数	设 置 值	描 述
vbTransparent	0	透明
vbBSSolid	1	（默认值）实线
vbBSDash	2	虚线
vbBSDot	3	点线
vbBSDashDot	4	点划线
vbBSDashDotDot	5	双点划线
vbBSInsideSolid	6	内收实线

图 9-2   BorderStyle 属性图形

3. "BorderWidth"属性

BorderWidth 返回或设置线条的宽度，其值为 1～8，单位为像素。只有 BorderStyle 为 "1"和"6"的两种情况下 BorderWidth 属性才起作用，其他情况下 BorderWidth 属性自动被设置为"1"。

（二）"形状"控件（Shape）

"形状"控件是 Visual Basic 6.0 的图形专用控件，可以用来绘制矩形、正方形、圆和椭圆等图形，它的相关属性如下：

1. "Shape"属性

"Shape"属性用于确定绘制图形的形状。其取值范围为 0～5，每个属性值的意义见表 9-2，对应图形如图 9-3 所示。

表 9-2　Shape 属性值

常　数	设　置　值	描　述
vbShapeRectangle	0	（默认值）矩形
vbShapeSquare	1	正方形
vbShapeOval	2	椭圆形
vbShapeOval	3	圆形
vbShapeRoundedRectangle	4	圆角矩形
vbShapeRoundedSquare	5	圆角正方形

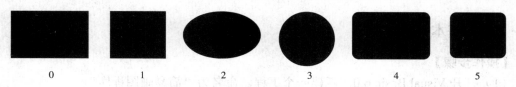

0　　　　　1　　　　　2　　　　　3　　　　　4　　　　　5

图 9-3　Shape 属性图形

2．"BorderStyle"、"BorderWidt" 和 "BorderColor" 属性

这些属性的用法与 Line 控件的相应属性用法一样，只不过设置的是形状控件的边框样式、宽度和颜色。

3．"BackStyle" 属性

此属性确定背景的风格，有两个属性值："0" 和 "1"。默认值为 "1"，表示背景风格为非透明，即用 BackColor 属性设置值填充该 Shape 控件，并隐藏该控件后面的所有颜色和图片；"0" 表示背景风格为透明，即在控件后的背景颜色和任何图片都是可见的，此时 BackColor、FillStyle 和 FillColor 均不起作用。

4．"BackColor" 属性

背景颜色属性。只有当 BackStyle 属性为 "1" 时，该属性值才会起作用。

5．"FillStyle" 属性

此属性设置 Shape 控件内部的填充图案。其取值范围为 0～7，每个属性值的意义见表 9-3，对应的样式如图 9-4 所示。

表 9-3　FillStyle 属性值

常　数	设　置　值	描　述
vbFSSolid	0	实线
vbFSTransparent	1	（默认值）透明
vbHorizontalLine	2	水平直线
vbVerticalLine	3	垂直直线
vbUpwardDiagonl	4	上斜对角线
vbDownwardDiagonal	5	下斜对角线
vbCross	6	十字线
vbDiagonalCross	7	交叉对角线

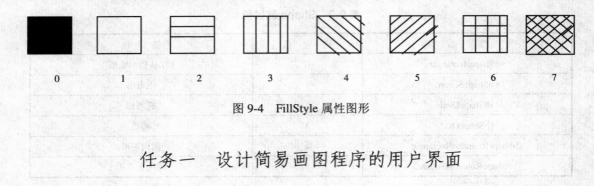

图 9-4　FillStyle 属性图形

任务一　设计简易画图程序的用户界面

（一）添加基本控件

【操作步骤】

（1）打开 Visual Basic 6.0，新建一个工程，命名为"简易画图程序"。

（2）向窗体上添加 3 个"命令按钮"控件，4 个"标签"控件，1 个"组合框"控件，1 个"图片框"控件，并调整控件的尺寸和位置至如图 9-5 所示。

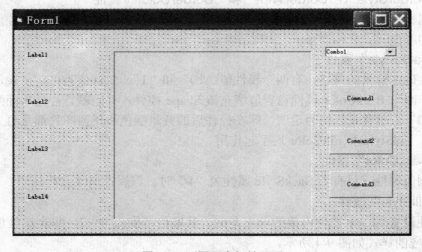

图 9-5　画图程序初始界面

（二）添加"直线"控件

【操作步骤】

（1）在工具箱中单击"直线"控件图标。

（2）在第一个"标签"控件上添加"直线"控件。

（三）添加"形状"控件

【操作步骤】

（1）在工具箱中单击"形状"控件图标，为第二个"标签"控件添加"形状"控件，将"形状"控件的"Shape"属性设置为"0-Rectangle",即为"矩形"。

（2）在工具箱中单击"形状"控件图标,为第三个"标签"控件添加"形状"控件,将"形状"控件的"Shape"属性设置为"3-Circle",即为"圆形"。

（3）在工具箱中单击"形状"控件图标,为第四个"标签"控件添加"形状"控件,将"形状"控件的"Shape"属性设置为"2-Oval",即为"椭圆形";最终效果如图 9-6 所示。

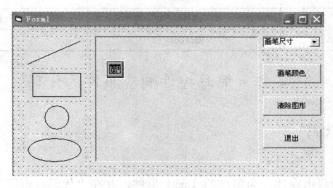

图 9-6　画图程序界面

（四）设置图形控件的属性

【操作步骤】

（1）在工具箱中单击"图片框"控件图标,在窗体上拖出一个画图区域。

（2）选中"图片框"控件,将"名称"属性设置为"PicDraw","BackColor"属性设置为白色;其他控件的属性设置见表9-4。

表9-4　画图程序空间属性

对　　象	属　　性	设　　置
窗体	（名称）	Form1
	Caption	简易画图程序
命令按钮1	（名称）	Cmdcolor
	Caption	画笔颜色
命令按钮2	（名称）	Cmdexit
	Caption	清除图形
命令按钮3	（名称）	Cmdclear
	Caption	退出
标签1	（名称）	Lbline
	Caption	
标签2	（名称）	Lbrectangle
	Caption	

续表

对　象	属　性	设　置
标签 3	（名称）	Lbcircle
	Caption	
标签 4	（名称）	Lboval
	Caption	
图片框	（名称）	picdraw
	Backcolor	白色

任务二　编写控件响应事件的代码

（一）添加基本代码

【操作步骤】

（1）在空白处双击窗体，为窗体的 Load 事件，并在"代码编辑器"窗口中添加如下代码：

```
Dim oldx, oldy, shape As Integer
Private Sub Form_Load()
    Dim i As Integer
    Shape = 1
    Do While i <= 40
        i = i +2
        ComboSize.AddItem Str(i)
    loop
End Sub
```

（2）在"代码编辑器"窗口的"对象"列表框中选择"ComboSize"项，在"过程"列表框中选择"Change"项，为 ComboSize_Change 事件添加如下代码：

```
Private Sub ComboSize_Change()
    PicDraw.DrawWidth = Int(ComboSize.Text)
End Sub
```

（3）为 ComboSize_Click 事件添加如下代码：

```
Private Sub ComboSize_Click()
    PicDraw.DrawWidth = Int(ComboSize.Text)        '选择画笔尺寸
End Sub
```

（4）为 CmdColor_Click 事件添加如下代码：

```
Private Sub CmdColor_Click()
    CommonDialog1.ShowColor
```

```
        PicDraw.ForeColor = CommonDialog1.Color        '选择画笔颜色
    End Sub
```

（5）为 Lbline_Click 事件添加如下代码：

```
    Private Sub Lbline_Click ()
        Shape = 0
    End Sub
```

（6）为 Lbrectangle_Click 事件添加如下代码：

```
    Private Sub Lbrectangle_Click ()
        Shape = 1
    End Sub
```

（7）为 Lbcircle_Click 事件添加如下代码：

```
    Private Sub Lbcircle_Click ()
        Shape = 2
    End Sub
```

（8）为 Lboval_Click 事件添加如下代码：

```
    Private Sub Lboval_Click ()
        Shape = 3
    End Sub
```

【知识链接】

为了便于图形的定位和绘制图形，在使用窗体或图片框来绘图时，事先应定义好坐标系（在本操作中，使用图片框为默认坐标系）。在 Visual Basic 6.0 中，坐标系的定义是通过设置窗体或图片框的“ScaleWidth”、“ScaleHeight”、“ScaleTop”和“ScaleLeft”属性来完成的。

（1）“ScaleTop”、“ScaleLeft”属性。

功能：返回或设置对象左上角的坐标。

说明：通过设置“ScaleTop”、“ScaleLeft”属性来定义对象左上角的坐标。

（2）“ScaleWidth”、“ScaleHeight”属性。

功能：返回或设置 x 轴长度和 y 轴长度。

说明：“ScaleWidth”、“ScaleHeight”属性值可以设为负值，但此时的负值并不表示 x 轴、y 轴的长度为负值，而是用来规定 x 轴、y 轴的正方向。当“ScaleWidth”属性值为负值时，x 轴的正方向向左；当“ScaleHeight”属性值为负值时，y 轴的正方向向上。

在 Visual Basic 6.0 中，除了通过设置“ScaleWidth”、“ScaleHeight”、“ScaleTop”和“ScaleLeft”属性来建立坐标系之外，还可以直接使用 Scale 方法来快速建立自定义坐标系。其语法结构如下：

```
        对象名.Scale(x1,y1)-(x2,y2)
```

其中，“对象名”一般为窗体或图片框的名称，“x1”相当于“ScaleLeft”属性，“y1”相当

于 "ScaleTop" 属性，"x2-x1" 相当于 "ScaleWidth" 属性，"y2-y1" 相当于 "ScaleHeight" 属性。

（二）添加画线功能的相关代码

【基础知识】

在 Visual Basic 6.0 中，可以通过采用不同的方法来完成各种简单图形的绘制。与绘图有关的常用方法有 Pset 方法、Line 方法、Circle 方法和 Cls 方法。

1. 画点

可以使用 Pest 方法将图片框上的点设置为指定颜色，Pset 方法的语法格式如下：

```
Object.PSet[Step](x,y),[color]
```

其中，Object 可以是图片框、窗体或 Printer 对象，指定在哪个对象上画点，默认为当前窗体。

Step 和（x，y）指定了画点的坐标。其中（x，y）是必需的，如果未指明 Step，则（x，y）为绝对坐标，即在坐标（x，y）处画点；如果指明 Step，则（x，y）为相对坐标（相对绘图坐标），即在坐标（CurrentX+x，CurrentY+y）处画点。

可选的参数，Color 指定点的颜色，如果它被省略，则使用当前的 ForeColor 属性值。可用 RGB 函数或 QBColor 函数指定颜色。所画点的尺寸取决于图片框的 DrawWidth 属性值。当前 DrawWidth 为 1 时，PSet 将一个像素的点设置为指定颜色。当 DrawWidth 大于 1，则点的中心位于指定坐标。

画点的方法取决于 DrawMode 和 DrawStyle 属性值。

执行 PSet 时，CurrentX 和 CurrentY 属性被设置为参数指定的点。

2. 画线

可以使用 Line 方法在图片框的两点间画线，Line 方法的语法格式为如下：

```
Object.Line[Step](x1,y1)[Step](x2,y2),[color]
```

其中，Step（x1，y1）和 Step（x2，y2）指定了线的两个端点坐标，具体设置同 Pset 方法。Color 指定了线条的颜色，默认为图片框的 ForeColor。

执行 Line 方法时，CurrentX 和 CurrentY 参数被设置为终点。

3. 画矩形

在 Line 方法后加入参数 B，就可以实现矩形的绘制，其语法格式如下：

```
Object.Line[Step](x1,y1)[Step](x2,y2),[color],B[F]
```

B 表示以[Step]（x1，y1）和[Step]（x2，y2）为矩形的对角点画矩形，参数 Color 指定了矩形边线的颜色。

可选参数 F 选项规定以矩形边框的颜色填充。不能不用 B 而只用 F。如果不用 F 光用 B，则矩形用图片框当前的 FillColor 和 FillStyle 填充。FillStyle 的默认值为 transparent（透明）。

比如 "Line（500，500）-Step（1000，1000）" 将画一个长为 1000 的正方形，而 "Line

（500，500）–Step（1000，500）"，BF 将画一个长为"1000"宽为"500"的实心矩形。

4. 画圆

可以使用 Circle 方法在图片框中画圆，Circle 方法的语法格式如下：

Object.Circle[Step](x,y),Radious[,color]

其中，[Step](x,y)指明了圆心的坐标，Radious 为圆的半径，Color 则指明了圆边线的颜色。

执行 Circle 方法时，CurrentX 和 CurrentY 参数被设置为圆心。

5. 画圆弧

使用 Circle 方法还可以在图片框内画圆弧，其语法格式如下：

Object.Circle[Step](x,y),Radious[,color],Start,End

其中，Start 和 End 指定了圆弧的起始角度和终止角度，以弧度为单位（弧度与角度的转化关系是将度数乘以 PI/80）。如果 Start 或 End 为负数，Visual Basic 将会画出从圆心到圆弧端点的连线。

6. 画椭圆

画椭圆也是通过 Circle 方法实现的，其语法格式如下：

Object.Circle[Step](x,y),Radious,[color],[Start],[End],Aspect

其中，参数 Aspect 为圆的方位比，指定了圆的水平长度和垂直长度之比，可以是小于 1 的小数，但不可以是负数。

如果同时指定 Start 和 End，则会画出一段椭圆的圆弧。

7. Cls 方法

用 Pset、Line、Circle 方法可以分别画出点、线、圆等图形，但如果想将所画的图形清除掉，该如何处理呢？Visual Basic 6.0 还为用户提供了一种简单方法——Cls 方法。Cls 方法可以同时将图片框或窗体上的所有图形都清除掉，以方便用户重新绘图。其语法结构如下：

[对象名].Cls

使用 Cls 方法就相当于使用一块橡皮将图片上的所有图形都擦除掉，这时绘图区（图片框）就变成一张"白纸"。

【操作步骤】

单击"工程管理器"窗口的"查看代码"按钮，打开"代码编辑器"窗口。

（1）在"代码编辑器"窗口的"对象"列表框中选择"PicDraw"项，在"过程"列表框中选择"MouseDown"项，为 PicDraw_MouseDown 事件添加如下代码：

```
Private Sub PicDraw_MouseDown（Button As Integer,Shift As Integer ,X As Single,Y As Single）
        Oldx = x
        Oldy= y
End Sub
```

（2）按照步骤（1）的方法，为 PicDraw_MouseUp 事件添加如下代码：

```
Private Sub PicDraw_MouseUp（Button As Integer，Shift As Integer, X As Single,Y As Single）
    If shape = 0 Then PicDraw.line(oldx,oldy) – (x,y)
    If shape = 1 Then
        PicDraw.Line(oldx,oldy) – (oldx,Y)
        PicDraw.Line(oldx,oldy) – (X，oldy)
        PicDraw.Line(oldx,Y) – (X,Y)
        PicDraw.Line(X,oldy) – (X,Y)
    End If
    If shape = 2 Then
        If Abs（X – oldx）> Abs(Y – oldy) Then
            Radius = Abs(Y – oldy)
        Else
            Radius = Abs(Y – oldx)
        End if
        PicDraw.Circle (oldx,oldy),radius
    End If
    If shape = 3 Then
        If Abs（X – oldx）> Abs（Y – oldy）Then
            Radius = Abs（y – oldy）
        Else
            Radius = Abs（x –oldx）
        End if
    PicDraw.Circle(oldx,oldy),radius,,,,0.5
    End if
    Imgshow.Picture = PicDraw.Image
End Sub
```

（3）按照步骤（1）的方法，为 PicDraw_Change 事件添加如下代码：

```
Private Sub PicDraw_Change（）
    ImgShow.Picture = PicDraw.Image
End Sub
```

（4）按照步骤（1）的方法，为 Cmdclear_Click 事件添加如下代码：

```
Private Sub PicDraw_Change（）
    PicDraw.Cls
End Sub
```

项 目 实 训

　　在上面的项目中，我们对"直线"、"形状"、"图片框" 3 个控件和一些绘图的方法进行了学习，下面我们通过项目实训来对上述内容进行巩固。

实训一 在窗体上绘制颜色不同的大小圆

在窗体上添加一个"命令按钮"控件,当运行程序后,单击"命令按钮"控件,就在窗体上绘制出颜色不同的大小圆,如图 9-7 所示。

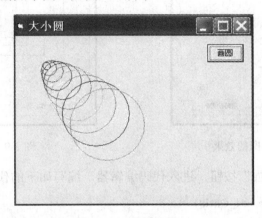

图 9-7 实训一运行效果

【操作步骤】

(1)新建一个工程,将窗体命名为"大小圆"。

(2)向窗体添加一个"命令按钮"控件,改名为"画圆"。

(3)双击"命令按钮",进入代码编辑器,编写如下的代码。

```
Private Sub Command1_Click()
    CurrentX = 800
    CurrentY = 800
    For i = 1 To 10
        Circle (CurrentX + 30 * i, CurrentY + 30 * i), 100 * i, QBColor(i)
    Next
End Sub
```

(4)运行,保存工程。

实训二 绘制同心圆和同心矩形

在窗体上添加两个"命令按钮"控件和一个图片框控件,当单击"画同心圆"按钮时,在图片框中绘制出颜色不同的同心圆;当单击"画同心矩阵"按钮时,在图片框中绘制出颜色不同的同心矩阵;如图 9-8 和图 9-9 所示。

【操作步骤】

(1)新建一个工程,将窗体命名为"同心圆和同心矩阵"。

(2)向窗体添加两个"命令按钮"控件,将 Caption 属性分别改为"画同心圆"和"画同心矩阵";再添加一个"图片框"控件。

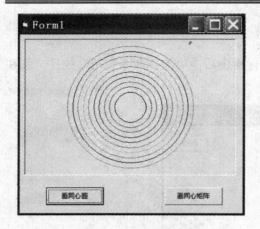

图 9-8　画同心圆的效果

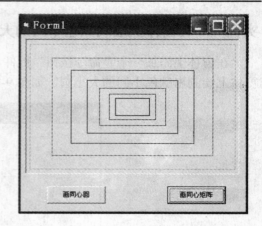

图 9-9　画同心矩阵的效果

（3）双击"画同心圆"按钮，进入代码编辑器，编写如下的代码：

```
Private Sub Command1_Click()
    Picture1.Cls
    Picture1.Scale (-100, 100) - (100, -100)
    r = 10
    For i = 1 To 10
        Picture1.Circle (0, 0), r + 5 * i, QBColor(i)
    Next i
End Sub
```

（4）双击"画同心矩阵"按钮，进入代码编辑器，编写如下的代码：

```
Private Sub Command2_Click()
    Picture1.Cls
    Picture1.Scale (-100, 100) - (100, -100)
    r = 10
    For i = 1 To 10
    r = r + 3 * i
    Picture1.Line (r + 3, r)-(-r - 3, -r), QBColor(i), B
    Next i
End Sub
```

（5）运行，保存工程。

项目拓展　设计一个时钟

利用"直线"控件和基本绘图方法设计一个带有秒针、分针、时针的时钟，它能以时钟的形式显示当前的系统时间，其界面如图 9-10 所示。

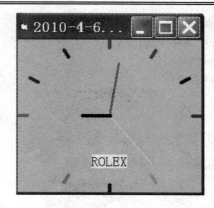

图 9-10　"时钟"运行效果

【操作步骤】

（1）新建一个工程，命名为"时钟"。

（2）向窗体添加一个"计时器"控件和一个"直线"控件（建立直线控件数组，只画出 Line1（0），长度，位置自定）。

（3）在窗体的加载事件中编写如下的代码：

```
Private Sub Form_Load()
    Form1.BackColor = RGB(150, 200, 200)
    Timer1.Interval = 1000
    Form1.Width = 4000
    Form1.Height = 4000
    Form1.Left = Screen.Width \ 2 - 2000
    Form1.Top = (Screen.Height - Height) \ 2
End Sub
```

（4）在窗体的初始化事件中编写如下的代码：

```
Private Sub Form_Resize()
    Dim i, Angle
    Static flag As Boolean
    If flag = False Then
        flag = True
        For i = 0 To 14
            If i > 0 Then Load Line1(i)
            Line1(i).Visible = True
            Line1(i).BorderWidth = 5
            Line1(i).BorderColor = QBColor(i)
        Next i
    End If
    Scale (-1, 1)-(1, -1)
    For i = 0 To 14
        Angle = i * 2 * Atn(1) / 3
```

```
            Line1(i).X1 = 0.9 * Cos(Angle)
            Line1(i).Y1 = 0.9 * Sin(Angle)
            Line1(i).X2 = Cos(Angle)
            Line1(i).Y2 = Sin(Angle)
        Next i
    End Sub
```

（5）在计时器事件中编写如下的代码：

```
    Private Sub Timer1_Timer()
        Const HH = 0
        Const MH = 13
        Const SH = 14
        Dim Angle
        Angle = 0.5236 * (15 – (Hour(Now) + Minute(Now) / 60))
        Line1(HH).X1 = 0
        Line1(HH).Y1 = 0
        Line1(HH).X2 = 0.3 * Cos(Angle)
        Line1(HH).Y2 = 0.3 * Sin(Angle)
        Angle = 0.1047 * (75 – (Minute(Now) + Second(Now) / 60))
        Line1(MH).BorderWidth = 3
        Line1(MH).X1 = 0
        Line1(MH).Y1 = 0
        Line1(MH).X2 = 0.7 * Cos(Angle)
        Line1(MH).Y2 = 0.7 * Sin(Angle)
        Angle = 0.1047 * (75 – Second(Now))
        Line1(SH).BorderWidth = 1
        Line1(SH).X1 = 0
        Line1(SH).Y1 = 0
        Line1(SH).X2 = 0.8 * Cos(Angle)
        Line1(SH).Y2 = 0.8 * Sin(Angle)
        Form1.Caption = Str(Date + Time())
    End Sub
```

（6）运行，保存工程。

项 目 小 结

　　本项目介绍了 VB 中的常见绘图方法，介绍了几个常用的绘图控件（如"直线控件"，"形状控件"）及它们的绘图方法，并通过实例讲解了它们的用法，为 VB 的多媒体应用打下了基础。

思考与练习

1. 以窗体的中心为原点，当单击窗体时，在窗体上绘制出不同半径和不同颜色的圆，运行结果如图 9-11 所示。

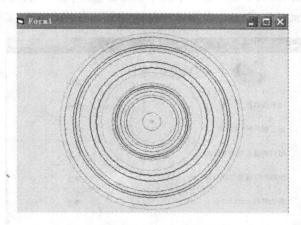

图 9-11 运行结果

2. 在图形框内绘制 y=sinx 在-π到π之间的图形。运行结果如图 9-12 所示。

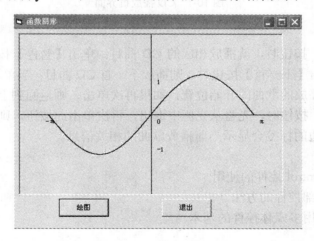

图 9-12 运行结果

项目十 制作 CD 播放机

本项目使用 Visual Basic 6.0 开发一个简单的 CD 播放机应用程序，如图 10-1，通过本项目的开发，学习 Visual Basic 6.0 多媒体控件的添加、使用和进行多媒体编程。

图 10-1　CD 播放机界面

【项目要求】

当单击【播放】按钮时，就播放相应的 CD 曲目；单击【暂停】按钮时，则暂停播放当前的歌曲；当单击【下一首】按钮时，则播放下一首 CD 曲目；当单击【返回】按钮时，则返回到当前正在播放的歌曲的开始位置，如果再次单击，则返回到上一首歌曲的开始位置；当单击【弹出】按钮时，光盘从光驱中退出，再次单击此按钮，则关闭光驱。在歌曲播放的过程中，左边的标签会显示当前播放歌曲的相关信息。

【学习目标】

✧ 掌握 MMControl 控件的使用

✧ 了解添加外部控件的方法

✧ 了解其他常用多媒体控件的基本功能

【基础知识】

在前面的项目中我们所使用的控件都是在工具箱中的，可以直接将其拖到窗体上，但在 Visual Basic 6.0 中有一些控件是没有在工具箱中的，必须先通过另外的方法将其加到工具箱中才可以使用。

执行"工程"→"部件"菜单命令，或在工具箱上单击右键，然后从弹出的菜单中选择"部件"命令，系统立即显示"部件"对话框，在该对话框中就可以选择你需要的控件，如图 10-2 所示。

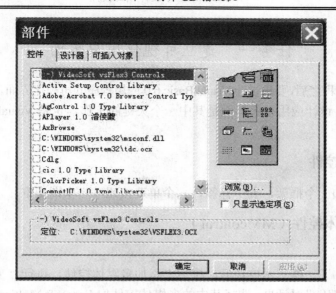

图 10-2 "部件"对话框

多媒体控件除了一些和其他控件共有的属性外，还有一些自己特有的属性。

1．"AutoEnable"属性

决定是否自动检查 MMControl 控件各按钮的状态，缺省为自动检查。

2．"PlayEnabled"属性

决定 MMControl 控件各按钮是否处于有效状态，缺省为无效状态。

3．"filename"属性

用于设置 MMControl 控件控制操作的多媒体文件名。

4．"From"属性

用于返回 MMControl 控件播放文件的起始时间。

5．"Length"属性

用于返回 MMControl 控件播放文件的长度。

6．"Position"属性

用于返回已打开的多媒体文件的位置。

7．"Command"属性

有 14 个值，可以执行 14 个操作命令，其中几个常用的操作命令是：

（1）Open：打开一个由 Filename 属性指定的多媒体文件。

（2）Play：播放打开的多媒体文件。

（3）Stop：停止正在播放的多媒体文件。

（4）Pause：暂停正在播放的多媒体文件。

（5）Back：后退指定数目的画面。

（6）Step：前进指定数目的画面。

（7）Prev：回到本磁道的起始点。

（8）Close：关闭已打开的多媒体文件。

任务一　建立可视化用户界面

在创建新的工程之后，要求设计 Visual Basic 6.0 应用程序的可视化界面。在 Visual Basic 6.0 应用程序设计中，设计应用程序界面是其中一个关键的工作，也是 Visual Basic 6.0 编程可视化的具体表现。

（一）添加基本控件

向窗体上添加一个框架，五个标签，六个单选按钮，一个图像框。

（二）添加多媒体控件（MMcontrol）

【操作步骤】

在向窗体添加了一些基本控件后，接下来添加多媒体控件。执行"工程"→"部件"菜单命令，弹出"部件"对话框，选择其中的多媒体控件"Microsoft Multimedia Control 6.0"，单击【确定】按钮。此时，多媒体控件就添加到工具箱中了，其图标是 ![icon]，通常称为 Multimedia MCI 控件。MCI 是 Media Control Interface（媒体控件接口）的缩写，它为多种多媒体设备提供了一个公用接口，Multimedia MCI 控件管理媒体控制接口，设备上的多媒体文件的记录与回放。实际上，这种控件就是一组按钮，它用来向多媒体设备发出 MCI 命令。

当把多媒体控件添加到窗体上时，它的外观如图 10-3 所示，它实际上是由一系列按钮组成的，其外观和按钮的功能与平常使用的录音机、录像机相似。

图 10-3 多媒体控件外观

（三）设置控件属性

【基本控件和多媒体控件的设置】

在本项目中，一共添加了六个命令按钮，五个标签，一个图像框和一个多媒体控件，它们的属性设置见表 10-1。

表 10-1　控件属性设置

控　件	属　性	设　置
窗体	Caption	CD 播放器
标签 1	（名称）	Label1
	Caption	CD 总曲目数为
标签 2	（名称）	Label2
	Caption	正在播放第几曲目

控 件	属 性	设 置
标签 3	（名称）	Label3
	Caption	当前轨道长度
标签 4	（名称）	Label4
	Caption	当前的位置是
标签 5	（名称）	Label5
	Caption	总长度为
标签 6	（名称）	Label6
	Caption	CD 播放器
命令按钮 1	（名称）	Command1
	Caption	播放
命令按钮 2	（名称）	Command2
	Caption	暂停
命令按钮 3	（名称）	Command3
	Caption	下一首
命令按钮 4	（名称）	Command4
	Caption	返回
命令按钮 5	（名称）	Command5
	Caption	弹出
命令按钮 6	（名称）	Command6
	Caption	停止
MMControl 控件	Caption	MMControl
	UpdateInterval	2000
	Visible	False
	Enabled	False

任务二 编写控件响应事件的代码

在程序中，将多媒体控件的 Enabled 和 Visible 属性设置成了 False，就是为了只利用控件的多媒体功能，通过自己设计的按钮来控制 CD 播放机的使用。而属性 UpdateInterval 用来指定产生 StatusUpdate 事件的时间间隔，这里设置成 2000 微秒，即每 2 秒产生一次 StatusUpdate 事件。

程序代码如下：

（1）为窗体添加代码

```
Private Sub Form_Load()
```

```
        MMControl1.DeviceType="CDAudio"    '指定 MCI 设备类型
        MMControl1.Command="Open"          '打开 MCI 设备
        MMControl1.TimerFormat=10          '设定时间格式
        Label1.Caption="CD 总曲目数为:"&MMControl1.Tracks'将 CD 盘上的歌曲总数目显示在标签 1 上
        Label2.Caption="现在播放第几首歌曲"    '还没有开始播放时显示的字符串
        Label5.Caption="总长度: "+Str$(MMControl1.Length)  '显示设备上所使用的媒体文件的长度
    End Sub
```

（2）为【MMControl】按钮添加代码

```
Private Sub MMControl_StatusUpdate()
    Label4.Caption="当前位置是: "+Str$(MMControl1.Position)
    Label3.Caption="当前轨道长度是: "+Str$(MMControl1.TrackLength)
    Label2.Caption="现在播放第"+Str$(MMControl1.TrackPosition)+"曲目"
End Sub
```

（3）为【播放】按钮添加代码

```
Private Sub Command1_Click()
    MMControl1.Command="play"  ' 播放
End Sub
```

（4）为【暂停】按钮添加代码

```
Private Sub Command2_Click()
    MMControl1.Command="pause"  ' 暂停
End Sub
```

（5）为【下一首】按钮添加代码

```
Private Sub Command3_Click()
    MMControl1.Command="next"  ' 下一首
End Sub
```

（6）为【返回】按钮添加代码

```
Private Sub Command4_Click()
    MMControl1.Command="prev"  '返回
End Sub
```

（7）为【弹出】按钮添加代码

```
Private Sub Command5_Click()
    MMControl1.Command="eject"  '弹出
End Sub
```

（8）为【停止】按钮添加代码

```
Private Sub Command4_Click()
    MMControl1.Command="stop"  '停止
```

```
        End Sub
```

（9）当应用程序停止执行并退出时，执行 Unload 事件，关闭多媒体设备

```
        Private Sub Form_Unload(Cancel As Integer)
            MMControl1.Command="close"   '关闭 MMControl 控件
        End Sub
```

项目实训　制作多媒体播放器

设计一个程序，实现"多媒体播放器"功能，能够播放常见的音频文件，程序运行结果如图 10-4 所示。

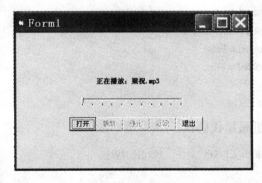

图 10-4 多媒体播放器界面

【操作步骤】

（1）新建一个工程，命名为"多媒体播放器"。

（2）向窗体添加一个标签控件，一个多媒体控件，五个命令按钮控件，一个通用对话框控件，一个计时器控件，一个 Slider 控件。

【知识链接】

Slider 控件是包含滑块和可选择性刻度标记的控件，用户可以通过执行"工程"→"部件"→"Microsoft Windows Common Controls 6.0"将它加到工具箱中，它的主要属性和事件有：

● "Min"，"Max" 属性

Min 属性决定滑块最左端或最顶端所代表的值；Max 属性决定滑块最右端或最下端所代表的值。

● "SmallChange"，"LargeChange" 属性

SmallChange 决定在滑块两端的箭头按钮上单击时改变的值；LargeChange 决定在滑块上方或下方区域单击时改变的值。

● "Value" 属性

Value 属性代表当前滑块所处位置的值，这个值由滑块的相对位置决定。

● "Change" 事件。

当滑块位置发生变化时就引发了 Change 事件。

（3）调整、编辑相关控件。

摆放好控件的位置，改变控件的大小至合适位置。

（4）运行，保存工程。

程序代码如下：

（1）初始化代码：

```
Dim filename As String
    Dim ste As Integer
    Private Sub Form_Load()
    cmdplay.Enabled = False
    cmdstop.Enabled = False
    cmdprev.Enabled = False
    MMControl1.Visible = False
    Slider1.Enabled = False
    Timer1.Enabled = False
    ste = -6
End Sub
```

（2）为【退出】按钮添加代码：

```
Private Sub cmdexit_Click()            '退出程序
    End
End Sub
```

（3）为【打开】按钮添加代码：

```
Private Sub cmdopen_Click()            '打开多媒体文件
    CommonDialog1.Filter = "mp3(*.mp3)|*.mp3|cd 音频(*.wav)|*.wav|windows"
    CommonDialog1.ShowOpen
    On Error Resume Next
    If CommonDialog11.filename <> "" Then
        filename = CommonDialog1.filename
        MMControl1.filename = filename
        MMControl1.Command = "open"
        cmdplay.Enabled = True
        cmdstop.Enabled = True
        cmdprev.Enabled = True
    End If
End Sub
```

（4）为【播放】按钮添加代码：

```
Private Sub cmdplay_Click()                '播放多媒体文件
    Dim fs As New FileSystemObject
    filename1 = fs.getbasename(filename) & "." & fs.getextensionname(filename)
```

```
        MMControl1.Command = "play"
        cmdstop.Enabled = True
        Label1.Caption = "正在播放: " & filename
        Slider1.Max = MMControl1.Length
        Slider1.Min = MMControl1.From
        Slider1.LargeChange = (Slider1.Max – Slider1.Min)
        Slider1.SmallChange = Slider1.larfechange / 2
        Slider1.Enabled = True
        Timer1.Enabled = True
    End Sub
```

（5）为【倒回】按钮添加代码：

```
    Private Sub cmdprev_Click()              '回到起始点
        MMControl1.Command = "prev"
    End Sub
```

（6）为【停止】按钮添加代码：

```
    Private Sub cmdstop_Click()              '停止多媒体文件播放
        cmdstop.Enabled = False
        MMControl1.Command = "stop"
        Timer1.Enabled = False
    End Sub
```

（7）为【计时器】按钮添加代码：

```
    Private Sub Timer1_Timer()
        Slider1.Value = MMControl1.Position
        If Label1.Left <= 0 Then
            ste = 6
        ElseIf Label1.Left >= Me.Width – Label1.Width Then
            ste = -6
        End If
        Label1.Left = Label1.Left + ste
    End Sub
```

项目拓展 制作 Flash 播放器

制作一个 Flash 播放器，界面如图 10-5 所示，当单击【打开】按钮时，能够打开计算机上相应的动画文件，单击【播放】按钮时，就播放动画。

【操作步骤】

（1）新建一个工程，命名为"动画播放器"。

（2）向窗体添加五个"命令按钮"控件，一个"通用对话框"控件，一个"计时器"控件，一个"Slider"控件，一个"ShockwaveFlash"控件。

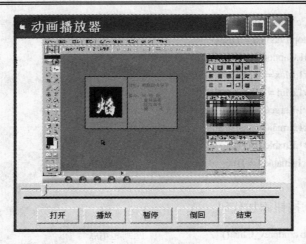

图 10-5　项目拓展运行效果

【知识链接】

ShockwaveFlash 控件是 VB 中制作动画播放的主要控件，用户可以通过执行"工程"→"部件"→"ShockwaveFlash"命令将它加到工具箱中，它的主要属性见表 10-2。

表 10-2　ShockwaveFlash 主要属性

属　性	值	含　义
Loop	True	循环播放
	False	不循环播放
Playing	True	播放
	False	停止
Menu	True	显示 Flash 动画的标题菜单
	False	不显示 Flash 动画的标题菜单
Movie		Flash 动画文件路径
FrameNum		帧数

（3）编辑相关控件，调整控件的位置。

（4）运行，保存工程。

程序代码如下：

① 为"打开"按钮添加代码。

```
Private Sub Command1_Click()
    CommonDialog1.Filter = "(*.swf)|*.swf|(all files)|*.*"
    CommonDialog1.ShowOpen
    ShockwaveFlash1.Movie = CommonDialog1.FileName
    Slider1.Min = 0
```

```
            Slider1.Max = ShockwaveFlash1.TotalFrames
        End Sub
```

② 为【结束】按钮添加代码。

```
        Private Sub Command2_Click()
            Unload Form1
        End Sub
```

③ 为【倒回】按钮添加代码。

```
        Private Sub Command3_Click()
            ShockwaveFlash1.Rewind
        End Sub
```

④ 为【暂停】按钮添加代码。

```
        Private Sub Command4_Click()
            ShockwaveFlash1.Stop
        End Sub
```

⑤ 为【播放】按钮添加代码。

```
        Private Sub Command5_Click()
            ShockwaveFlash1.Play
        End Sub
```

⑥ 为【滚动条】添加代码。

```
        Private Sub Slider1_Click()
            ShockwaveFlash1.FrameNum = Slider1.Value
            ShockwaveFlash1.Play
        End Sub
```

⑦ 为【计时器】添加代码。

```
        Private Sub Timer1_Timer()
            Slider1.Value = ShockwaveFlash1.FrameNum
        End Sub
```

项 目 小 结

本项目完成了 **CD** 播放机的设计与开发，通过这个项目的学习，我们掌握了 **VB** 中多媒体控件如何开发多媒体程序，能够对外部控件进行添加。

思考与练习

使用 MMControl 控件和基本控件设计一个动画播放器。

项目十一 设计学生成绩管理系统

本项目使用 Visual Basic 6.0 开发一个简单的学生成绩管理系统，如图 11-1 所示，这个学生成绩管理系统提供了简单的学生基本信息及成绩的输入、修改和查询功能。

【项目要求】

通过本项目的开发，学习 Visual Basic 6.0 和 ADO 技术编制数据库访问应用程序的基本过程和方法。

图 11-1 学生成绩管理系统界面

学习目标

❖ 了解数据库的相关概念
❖ 掌握数据管理器的使用方法
❖ 掌握 Visual Basic 6.0 与 ADO 数据控件和 ADO 编程模型访问数据库的方法

任务一 设计数据库

ADO 是目前应用范围最广的数据访问接口，在 Visual Basic 中可以非常方便地使用 ADO 数据控件和 ADO 编程模型访问各种类型的数据库。Access 是常用的桌面数据库系统，Visual Basic+Access 被人们称做创建桌面数据库应用系统的"黄金搭配"。本课程设计采用 Visual Basic+ADO+Access，创建一个简单的学生成绩管理系统，系统的主要功能如下：

（1）课程管理：包括课程信息的输入和修改。

（2）成绩管理：包括成绩信息的输入、修改和查询。

（3）系统管理：包括添加用户、删除用户、设置权限和修改密码。

系统功能模块如图 11-2 所示。

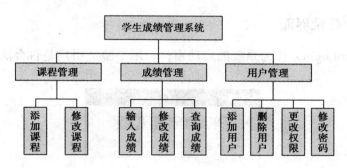

图 11-2　系统功能模块图

创建一个学生成绩管理系统，可以完成学生基本信息及成绩的输入、修改和查询。下面讲述具体步骤：

（1）建立"学生信息"数据库。

建立数据库。利用 Microsoft Access 或 Visual Basic 中的"可视化数据管理器"建立数据库，名称为 Student.mdb。

（2）建立数据表。

在 Student.mdb 数据库中建立 3 个表：成绩表、课程信息表、用户表。

● 成绩表。该表存放学生成绩，名称为"成绩"，结构如下所示。

字段名：学号，类型为文本（Text）类型，大小为 20，为主索引。

字段名：姓名，类型为文本（Text）类型，大小为 10。

字段名：性别，类型为文本（Text）类型，大小为 2。

字段名：课程，类型为文本（Text）类型，大小为 20。

字段名：分数，类型为整型（Integer）类型。

● 课程信息表。该表存放课程信息，名称为"课程信息"，结构如下所示。

字段名：课号，类型为文本（Text）类型，大小为 10，为主索引。

字段名：课程，类型为文本（Text）类型，大小为 20。

● 用户表。该表存放用户登录信息，名称为"用户"，结构如下所示。

字段名：用户名，类型为文本（Text）类型，大小为 16，为主索引。

字段名：密码，类型为文本（Text）类型，大小为 16。

字段名：权限，类型为文本（Text）类型，大小为 10。

在用户表中暂时存放两条记录，内容如下所示。

用户名为 admin，密码为 123456，权限为管理员。

用户名为 user，密码为 123，权限为普通。

任务二　设计用户登录界面

（一）设计用户登录界面

本窗体（FrmLogin）作为系统的启动窗体，用于验证用户是否合法，运行时界面如图 11-3 所示。

图 11-3　用户登录界面

【操作步骤】

（1）窗体上两个文本框分别用于输入用户名和密码，其中密码文本框的内容用"*"显示。

（2）在窗体上添加一个 ADO 数据控件，设 Visible=False，将其与数据库连接，用 SQL 语句将记录员与数据库中的"用户"表绑定。

（3）单击【确定】按钮后，查询"用户"表中是否有相符的用户名和密码，若不符，提示重新输入，焦点返回文本框。如果 3 次输入错误，则退出系统。若输入正确，将用户名和用户权限保存在全局变量中，显示系统主窗体，卸载本窗体。

（4）单击【取消】按钮，退出系统。

【知识链接】

保存用户名和用户权限需要建立一个标准模块（Modulel），用 Public 关键字声明两个全局变量，将"用户登录"窗体运行时输入的用户名和用户权限存入全局变量中，以供其他模块调用。

（二）编写应用程序代码

```
'用户登录窗体 frmLogin
Option Explicit
Dim Rs As ADODB.Recordset '定义记录集变量

Private Sub cmdCancel_Click()
    Unload Me
End Sub

Private Sub cmdOk_Click()
    Static intErr As Integer        '静态变量累加出错次数
```

```vb
        adoUser.Refresh                      '刷新记录集(关键语句)
        Set Rs = adoUser.Recordset           '设置记录集变量
        '检查用户名(利用记录集的 Find 方法，不区分大小写)
        Rs.Find "用户名='" & txtUserID.Text & "'"
        If Not Rs.EOF Then                   '若用户名正确
            '检查密码
            If Rs("密码") = txtPassword.Text Then '若密码正确
                gstrUser = txtUserID.Text        '存用户名
                If Rs("权限") = "管理员" Then      '存用户权限
                    gblnPurview = True
                Else
                    gblnPurview = False
                End If
                frmMain.Show                     '显示主窗体
                Unload Me                        '卸载本窗体
            Else                                 '若密码错误
                intErr = intErr + 1              '错误数+1
                If intErr = 3 Then               '若出错 3 次，退出系统
                    Set Rs = Nothing
                    Unload Me
                Else                             '若出错不足 3 次，重新输入
                    MsgBox "密码输入错误，请重新输入！", vbExclamation
                    With txtPassword             '焦点返回密码框
                        .SelStart = 0
                        .SelLength = Len(.Text)
                        .SetFocus
                    End With
                End If
            End If
        Else                                     '若用户名错误
            intErr = intErr + 1                  '错误数+1
            If intErr = 3 Then                   '若出错 3 次，退出系统
                Set Rs = Nothing
                Unload Me
            Else                                 '若出错不足 3 次，重新输入
                MsgBox "用户名输入错误，请重新输入！", vbExclamation
                With txtUserID                   '焦点返回用户框
                    .SelStart = 0
                    .SelLength = Len(.Text)
                    .SetFocus
                End With
            End If
        End If
End Sub
```

```
Private Sub Form_Initialize()
        ChDrive App.Path
        ChDir App.Path
End Sub


Private Sub Form_Load()          '窗体加载
        cmdOk.Default = True             '"确定"按钮为回车键默认按钮
        Dim sql As String
        sql = "SELECT * FROM 用户"    'SQL 语句用于创建动态记录集
        adoUser.RecordSource = sql    '设置记录源为动态记录集
End Sub
```

任务三　设计"学生成绩管理系统"的主界面

（一）设计学生成绩管理系统主界面

系统主窗体（frmMain）作为学生成绩管理系统的主界面，如图 11-1 所示。

窗体中的菜单结构如下所示：

● 系统管理主菜单包括添加用户、删除用户、更改权限、修改密码、退出系统五个子菜单。

● 课程管理主菜单包括添加课程和修改课程两个子菜单。

● 成绩管理主菜单包括输入成绩、修改成绩和查询成绩三个子菜单。

【知识链接】

单击某一菜单项时，显示对应窗体。

只有用户权限为"管理员"的用户才有权使用"系统管理"菜单中的"添加用户"、"删除用户"和"更改权限"三个菜单项的功能。因此，应该在窗体加载时根据保存在全局变量中的用户权限确定是否显示这三个菜单项。

（二）编写程序代码

```
'主窗体 frmMain
Option Explicit


Private Sub Form_Initialize()    '窗体初始化
    ChDrive App.Path                  '设当前路径
    ChDir App.Path
    Me.WindowState = vbMaximized
    Call MySize                       '调整控件位置
End Sub


Private Sub Form_Load()
    '根据用户权限确定是否显示用户管理各菜单项
```

```
        mnuAddUser.Visible = gblnPurview
        mnuDelUser.Visible = gblnPurview
        mnuModiPurview.Visible = gblnPurview
        Call CreateConnection     '调用标准模块中的过程建立连接
End Sub

Private Sub Form_Resize()     '窗体改变大小
    If Me.WindowState = vbMinimized Then Exit Sub
    If Me.Width < 6000 Then Me.Width = 6000
    If Me.Height < 5000 Then Me.Height = 5000
    Call MySize                     '调整控件位置
    Me.Refresh
End Sub

Private Sub mnuAddCourse_Click() '添加课程
    frmAddCourse.Show
    Me.Hide
End Sub

Private Sub mnuAddUser_Click() '添加用户
    frmUser.Show
    Me.Hide
End Sub

Private Sub mnuDelUser_Click() '删除用户
    frmDelUser.Caption = "删除用户"
    frmDelUser.Show
    Me.Hide
End Sub

Private Sub mnuExit_Click() '退出系统
    Unload Me
End Sub

Private Sub Form_Unload(Cancel As Integer) '主窗体卸载
    On Error GoTo Quit
    Dim i As Integer
    Set pubCnn = Nothing
    '在窗体集合中循环并卸载每个窗体
    For i = Forms.Count - 1 To 0 Step -1
        Unload Forms(i)
    Next
    Exit Sub
Quit:
```

```
        End '出错时强制退出
    End Sub

    Private Sub mnuInputGrade_Click() '输入成绩
        frmInGrade.Show
        Me.Hide
    End Sub

    Private Sub mnuModiCourse_Click() '修改课程信息
        frmModiCourse.Show
        Me.Hide
    End Sub

    Private Sub mnuModiGrade_Click() '修改成绩
        frmModiGrade.Show
        Me.Hide
    End Sub

    Private Sub mnuModiPurview_Click()    '更改权限
        frmDelUser.Caption = "更改用户权限"
        frmDelUser.Show
        Me.Hide
    End Sub

    Private Sub mnuPassWord_Click() '修改密码
        frmModiPass.Show
        Me.Hide
    End Sub

    Private Sub mnuQueryGrade_Click() '查询成绩信息
        frmQueryGrade.Show
        Me.Hide
    End Sub

    Private Sub MySize() '自定义过程，窗体改变大小时调整控件位置
        Dim FW As Long
        Line1.X1 = 0: Line1.X2 = Me.ScaleWidth
        Line2.X1 = 0: Line2.X2 = Me.ScaleWidth
        FW = Me.ScaleWidth * 0.98
        Shape1.Left = (FW - Shape1.Width) \ 2
        Shape2.Left = (FW - Shape2.Width) \ 2 + 96
        Label1.Left = (FW - Label1.Width) \ 2
        Label2.Left = (FW - Label2.Width) \ 2
    End Sub
```

任务四 设计"课程管理"界面

（一）设计课程管理界面

"课程管理"菜单下有两个菜单项：添加课程和修改课程。

● 添加课程

单击"添加课程"菜单项后显示"添加课程"窗体（frmAddCourse），运行时界面如图 11-4 所示。

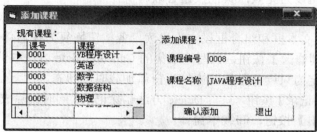

图 11-4 添加课程界面

【操作步骤】

（1）窗体上的文本框分别用于输入课程编号和课程名称。

（2）在窗体上添加一个 ADO 数据控件，设 Visible=False，将其与数据库连接，用 SQL 语句将记录源与数据库中的"课程信息"表绑定。添加一个 DataGrid 控件，与 ADO 数据控件绑定，用于显示现有课程，设 AllowUpdate=False。

（3）单击【确认添加】按钮后，查询数据库"课程信息"表中是否有相同的课程编号，如果有，提示该课程编号已存在，重新输入，焦点返回课程编号文本框；如果无相同的课程编号，将课程编号和课程名称添加到数据库"课程信息"表中，卸载本窗体。

【知识链接】

在向数据库添加记录前，应判断数据是否合法：课程编号应为数字（可以用 IsNumeric 函数判断）；各文本框均不应空白。

（4）单击【退出】按钮，卸载本窗体。

● 修改课程

单击"修改课程"菜单项后显示"修改课程"窗体（frmModiCourse），运行时界面如图 11-5 所示。

图 11-5 修改课程界面

【操作步骤】

（1）在窗体上添加一个 ADO 数据控件，将其与数据库连接，用 SQL 语句将记录源与数据库中的"课程信息"表绑定，设 Align=2。

（2）窗体上的文本框分别用于显示和修改课程编号和课程名称，将它们的 DataSource 均设为 ADO 数据控件，DataField 分别与课程编号和课程名称字段绑定。

（3）在窗体加载时，应将"修改课程"框架中的各文本框和组合框锁定为只读（Locked=TRUE），并将【更新数据】和【取消修改】按钮设置为无效，其他按钮有效。

（4）【修改记录】按钮单击事件中，解除对各文本框和组合框的锁定以便允许修改，并将【修改记录】按钮设为无效，其他按钮有效。

（5）单击【更新数据】按钮，执行记录集的 Update 方法确认修改（应该注意检查数据的合法性），并将各文本框和组合框设定为只读，各按钮恢复为在窗体加载时的状态。

（6）单击【取消修改】按钮，只写记录集的 CancelUpdate 方法取消修改，并重新将各文本框和组合框锁定为只读，各按钮恢复为窗体加载时的状态。

（7）单击【删除记录】按钮，只写 Delete 方法删除记录，同时删除成绩表中的相应记录。

（8）单击【退出】按钮，卸载本窗体。

（二）编写程序代码

```vb
'添加课程窗体 frmAddCourse
Option Explicit
Dim sql As String

Private Sub cmdCancel_Click() '退出
    Unload Me
End Sub

Private Sub cmdOk_Click()
    '各文本框若为空白，提示重新输入
    If Trim$(txtCourseNo.Text) = "" Then
        MsgBox "请输入课程编号！", vbExclamation
        txtCourseNo.SetFocus
        Exit Sub
    End If
    If Trim$(txtCourseName.Text) = "" Then
        MsgBox "请输入课程名称！", vbExclamation
        txtCourseName.SetFocus
        Exit Sub
    End If
    '检查是否有重复课号(利用记录集的 Find 方法)
    Adodc1.Refresh
    Adodc1.Recordset.Find ("课号='" & txtCourseNo.Text & "'")
    If Not Adodc1.Recordset.EOF Then                '若已有该课号
```

```
            MsgBox "课程编号重复,请重新输入!", vbExclamation
            With txtCourseNo                '焦点返回课号框
                .SelStart = 0
                .SelLength = Len(.Text)
                .SetFocus
            End With
            Exit Sub
        End If
        With Adodc1.Recordset
            .AddNew                         '添加记录
            '为各字段赋值
            .Fields(0) = Trim$(txtCourseNo.Text)      '课号
            .Fields(1) = Trim$(txtCourseName.Text)    '课名
            .Update                         '更新数据库
            .Requery                        '重新查询
        End With
        Set DataGrid1.DataSource = Adodc1       '更新网格
        txtCourseNo.Text = ""
        txtCourseName.Text = ""
        txtCourseNo.SetFocus
        MsgBox "课程信息已成功添加!", vbInformation
    End Sub

    Private Sub Form_Load()
        sql = "SELECT * FROM 课程信息 ORDER BY 课号"    'SQL 语句用于创建动态记录集
        Adodc1.RecordSource = sql           '设置记录源为动态记录集
        With DataGrid1
            Set .DataSource = Adodc1
            .AllowUpdate = False
            .Columns(0).Width = 1000
        End With
    End Sub

    Private Sub Form_Unload(Cancel As Integer)
        frmMain.Show     '显示主窗体
    End Sub

    '修改课程窗体 frmModiCourse
    Option Explicit

    Private Sub adoEdit_MoveComplete(ByVal adReason As ADODB.EventReasonEnum, ByVal pError
As ADODB.Error, adStatus As ADODB.EventStatusEnum, ByVal pRecordset As ADODB.Recordset)
        '显示当前记录位置/总记录数
        adoEdit.Caption = "Record: " & _
```

```vb
            CStr(adoEdit.Recordset.AbsolutePosition) & _
            "/" & adoEdit.Recordset.RecordCount
End Sub


Private Sub cmdCancel_Click()  '取消
    With adoEdit.Recordset
        .CancelUpdate  '取消更新
        .MoveNext
        .MovePrevious
    End With
    Call MyLock(True)
End Sub


Private Sub cmdDelect_Click()  '删除
    Dim Response As Integer
    Response = MsgBox("删除当前记录吗？ ", vbQuestion + vbYesNo, "询问")
    If Response = vbYes Then
        With adoEdit.Recordset
            .Delete
            .MoveNext
            If .EOF Then .MoveLast
        End With
    End If
End Sub


Private Sub cmdEdit_Click()  '修改
    Call MyLock(False)
End Sub


Private Sub cmdExit_Click()
    Unload Me
End Sub


Private Sub cmdUpdate_Click()  '更新
    On Error Resume Next

    '各文本框若为空白，提示重新输入
    If Trim$(txtCourseNo.Text) = "" Then
        MsgBox "请输入课程编号！ ", vbExclamation
        txtCourseNo.SetFocus
        Exit Sub
    End If
    If Trim$(txtCourseName.Text) = "" Then
        MsgBox "请输入课程名称！ ", vbExclamation
```

```
            txtCourseName.SetFocus
            Exit Sub
        End If

        adoEdit.Recordset.Update    '更新数据库

        If Err = -2147467259 Then '该错误号为主键重复错误
            MsgBox "课程编号重复，请重新输入！", vbExclamation
            With txtCourseNo                       '焦点返回课号框
                .SelStart = 0
                .SelLength = Len(.Text)
                .SetFocus
            End With
            Exit Sub
        End If

        MsgBox "课程信息已成功修改！", vbInformation

        Call MyLock(True) '锁定
    End Sub

    Private Sub Form_Initialize()
        ChDrive App.Path
        ChDir App.Path
    End Sub

    Private Sub Form_Load()
        Call MyLock(True)
    End Sub

    Private Sub Form_Unload(Cancel As Integer) '窗体卸载时
        frmMain.Show
    End Sub

    Private Sub MyLock(ByVal bLock As Boolean) '自定义过程：锁定/解锁用于输入的控件
        txtCourseNo.Locked = bLock 'True
        txtCourseName.Locked = bLock 'True
        cmdEdit.Enabled = bLock 'True
        cmdCancel.Enabled = Not bLock 'False
        cmdUpdate.Enabled = Not bLock 'False
        adoEdit.Enabled = bLock 'True
    End Sub
```

任务五　设计"成绩管理"界面

（一）设计成绩管理界面

"成绩管理"菜单下有三个子菜单项：输入成绩、修改成绩和查询成绩。

● 输入成绩

单击"输入成绩"菜单项后显示"输入成绩"窗体（frmInGrade），运行时界面如图 11-6 所示。

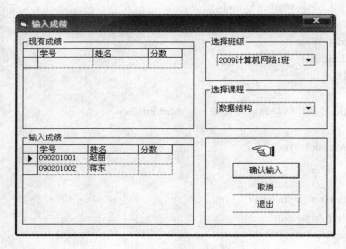

图 11-6　输入成绩界面

【操作步骤】

（1）在窗体上添加 4 个 ADO 数据控件，均设 Visible=False，名称分别为 adoNoName、adoInGrade、adoAdd 和 adoOldGriade，将其与数据库连接。设 adoInGrade 的 LockType 属性为 4（批更新模式）。用 SQL 语句将 adoAdd 的记录源与数据库中的"成绩"表绑定。

（2）框架中的组合框用于选择班级和课程，Style 属性均为 2（下拉式列表框）。窗体加载时查询学籍表中的班级和课程信息表中的课程填充组合框的列表项。

（3）添加两个 DataGrid 控件，名称分别为 dgdGrade 和 dgdInGrade。程序运行时分别动态地与 adoOldGrade 和 adoInGrade 绑定，用于显示现有成绩和输入成绩。

（4）当用户选择了班级和课程后，用 SQL 语句生成当前班级、课程已有成绩记录集，为 ADO 数据控件 adoOldGriade 和 adoInGrade 属性赋值，并将 DataGrid 控件 dgdGrade 与 ADO 数据控件 adoOldGrade 绑定。根据用户所选择班级构成学号姓名记录集，为 ADO 数据控件 adoNoName 的 RecordSource 属性赋值，同时将 ADO 数据控件 adoInGrade 与临时表绑定，将临时表清空。查询已有成绩记录集和学号姓名记录集，将当前课程尚无成绩的学生的学号及姓名加入临时表，将 DataGrid 控件 dgdInGrade 与 ADO 数据控件 adoInGrade 绑定，为输入成绩做准备。此时用户可以在 DataGrid 控件中连续输入多人的成绩。

（5）单击【确认输入】按钮后，将临时表中的学号、分数以及课程组合框中的课程名称追加到与 ADO 数据控件 adoAdd 绑定的成绩表中。

（6）单击【取消】按钮，调用 adoInGrade 记录集的 CancelBatch 方法取消更新。

（7）单击【退出】按钮，卸载本窗体。

● 修改成绩

单击"修改成绩"菜单项后显示"修改成绩"窗体（frmModiGrade），运行时界面如图 11-7 所示。

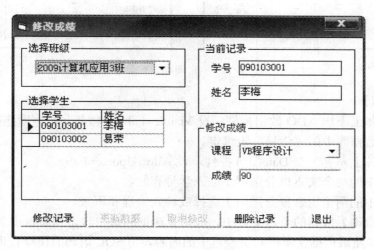

图 11-7　修改成绩界面

【操作步骤】

（1）在窗体上添加两个 ADO 数据控件，分别命名为 adoEdit 和 adoNoName，将其与数据库连接，设 Visible=False，其记录源均采用动态绑定方式，通过查询语句生成临时记录集。

（2）"选择班级"框架中的组合框用于选择班级。"选择学生"框架中的 DataGrid 控件 dgdNoName 用于显示当前班级学生在成绩表中已有的学生学号和姓名。"当前记录"框架中的两个文本框用于提示。"修改成绩"框架中的组合框用于选择课程，文本框用于显示和修改分数。

（3）当用户在班级组合框选择班级后，用 SQL 语句从学籍表和成绩表中筛选出当前班级学生成绩表中已有的学生学号和姓名，显示在 DataGrid 控件 dgdNoName 中。

（4）当用户在 DataGrid 控件 dgdNoName 中选择学生后，将其学号和姓名显示在"当前记录"框架中的文本框中，同时查询成绩表中当前学生已有成绩课程名称，并填充到课程组合框中。

（5）当用户在课程组合框中选择课程时，将该课程的分数显示在成绩文本框中。

● 查询成绩

查询成绩界面如图 11-8 所示。

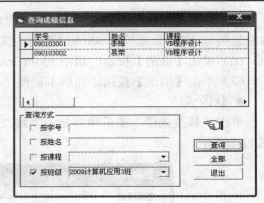

图 11-8　查询成绩界面

【操作步骤】

（1）在窗体上添加 ADO 数据控件，设 Visible=False，将其与数据库连接，用 SQL 语句将记录源与数据库中的"学籍"表绑定。

（2）在窗体上添加一个 DateGrid 控件，设 AllowUpdate=False。

（3）框架中的两个文本框分别用于输入学号和姓名。

（4）框架中的两个组合框分别用于选择或输入课程和班级。

（5）在【查询】按钮的单击事件中，根据复选框的选中状态判断查询条件是单一查询还是复合查询，然后根据文本框和组合框中的内容，用 SQL 语句的模糊查询、多条件复合查询功能生成记录集，为 ADO 数据控件的 RecordSource 属性赋值，并且将 DataGrid 控件与 ADO 数据控件绑定。

（6）在【全部】按钮的单击事件中，用 SQL 语句将学籍表中的全部记录构成记录集，为 ADO 数据控件的 RecordSource 属性赋值，并且将 DataGrid 控件与 ADO 数据控件绑定。

（7）单击【退出】按钮，卸载本窗体。

（二）编写程序代码

```
'输入成绩窗体 frmInGrade
Option Explicit

Private Sub cboClass_Click() '班级组合框
    If Trim$(cboCource.Text) = "" Then Exit Sub
    Call GetOldGrade    '获取已有成绩
    Call MakeTempTable   '生成临时表
    cmdOk.Enabled = True
End Sub

Private Sub cboCource_Click() '课程组合框
    If Trim$(cboClass.Text) = "" Then Exit Sub
    Call GetOldGrade     '获取已有成绩
```

```vb
            Call MakeTempTable '生成临时表
            cmdOk.Enabled = True
    End Sub

    Private Sub cmdCancel_Click() '取消
            If adoInGrade.Recordset Is Nothing Then Exit Sub
            adoInGrade.Recordset.CancelBatch
    End Sub

    Private Sub cmdExit_Click() '退出
            Unload Me
    End Sub

    Private Sub cmdOk_Click() '确认输入
            Dim Rp As Integer
            Rp = MsgBox(""确认输入"后将无法取消，是否继续？", vbQuestion + vbYesNo, "提示")
            If Rp = vbNo Then Exit Sub

            cmdOk.Enabled = False

            '将临时表中的数据追加到成绩表中
            With adoInGrade.Recordset
                If .RecordCount = 0 Then Exit Sub
                .MoveFirst
                Do Until .EOF
                    '注意对数据库中 NULL 值的判断，VB 表达式与 SQL 表达式不同
                    If Not IsNull(.Fields("分数")) Then
                        adoAdd.Recordset.AddNew
                        adoAdd.Recordset("学号") = .Fields("学号").Value
                        adoAdd.Recordset("课程") = cboCource.Text
                        adoAdd.Recordset("分数") = .Fields("分数").Value
                        adoAdd.Recordset.Update
                    End If
                    .MoveNext
                Loop
            End With

            '延时，以便完成数据库后台更新
            Dim sngWait As Single
            sngWait = Timer
            Do Until Timer - sngWait > 1#
                fraWait.Visible = True
                DoEvents
            Loop
```

```vb
        fraWait.Visible = False

        MsgBox "添加成绩成功。", vbInformation
        Call cboCource_Click '刷新控件
End Sub

Private Sub Form_Load() '窗体加载
    '填充课程组合框列表。该记录集仅在窗体加载时使用一次
    '因此借用添加成绩的 ADO 数据控件
    adoAdd.RecordSource = "SELECT * FROM 课程信息"
    adoAdd.Refresh
    With adoAdd.Recordset
        Do Until .EOF
            cboCource.AddItem .Fields("课程").Value .MoveNext
        Loop
    End With

    Call AddClassItem(cboClass) '填充班级组合框
    cmdOk.Enabled = False

    '打开成绩表
    adoAdd.RecordSource = "SELECT * FROM 成绩"
    adoAdd.Refresh
    '设输入成绩(临时表)记录集为批更新模式
    adoInGrade.LockType = adLockBatchOptimistic
End Sub

Private Sub Form_Unload(Cancel As Integer) '窗体卸载时
    frmMain.Show
End Sub

Private Sub GetOldGrade() '自定义过程：获取已有成绩并显示
    Dim sql As String
    '生成当前班级、课程已有成绩记录集
    sql = "SELECT 成绩.学号 AS 学号,学籍.姓名,分数 " _
        & " FROM 成绩,学籍 WHERE 成绩.学号=学籍.学号" _
        & " AND 成绩.课程='" & cboCource.Text & "'" _
        & " AND 学籍.班级='" & cboClass.Text & "'"
    adoOldGrade.RecordSource = sql
    adoOldGrade.Refresh
    '设置 DataGrid 控件
    With dgdGrade
        Set .DataSource = adoOldGrade
        .Columns(0).Width = 1200
```

项目十一　设计学生成绩管理系统 ·211·

```
                .Columns(1).Width = 1200
                .AllowUpdate = False
         End With
   End Sub

   Private Sub MakeTempTable() '自定义过程：生成临时表并显示
         Dim sql As String

         adoInGrade.RecordSource = "SELECT * FROM 临时"
         adoInGrade.Refresh

         '删除临时表中的记录
         With adoInGrade.Recordset
             '用记录集的 Delete 方法(客户端游标只能删除当前记录)
             Do While .RecordCount > 0
                  .MoveFirst
                  .Delete
             Loop
             .UpdateBatch
         End With

         '根据所选班级构成学号、姓名记录集
         sql = "SELECT 学号, 姓名 FROM 学籍 " _
               & " WHERE 班级='" & cboClass.Text & "'"
         adoNoName.RecordSource = sql
         adoNoName.Refresh

         '将当前课程尚无成绩的学生的学号及姓名加入临时表，为输入成绩作准备
         With adoNoName.Recordset
             Do Until .EOF
                  If adoOldGrade.Recordset.RecordCount > 0 Then '关键语句
                       adoOldGrade.Recordset.MoveFirst
                  End If
   adoOldGrade.Recordset.Find "学号='" & .Fields("学号").Value & "'"
                  If adoOldGrade.Recordset.EOF Then
                       adoInGrade.Recordset.AddNew
                  adoInGrade.Recordset("学号") = .Fields("学号").Value
                  adoInGrade.Recordset("姓名") = .Fields("姓名").Value
                  End If
                  .MoveNext
             Loop
             adoInGrade.Recordset.UpdateBatch
         End With
```

```
        '设置 DataGrid 控件
        With dgdInGrade
            Set .DataSource = adoInGrade
            .AllowUpdate = True
            .Columns(0).Locked = True '锁定学号、姓名
            .Columns(1).Locked = True
            .Columns(0).Width = 1100
            .Columns(1).Width = 1100
            If adoInGrade.Recordset.RecordCount > 0 Then
                .Col = 2
                .Row = 0
                .SetFocus
            End If
        End With
    End Sub


    '修改成绩窗体 frmModiGrade
    Option Explicit
    Dim strGrade As String


    '在"选择学生"数据网格中选择学生时，显示当前记录内容
    Private Sub adoNoName_MoveComplete(ByVal adReason As ADODB.EventReasonEnum, ByVal
pError As ADODB.Error, adStatus As ADODB.EventStatusEnum, ByVal pRecordset As ADODB.Recordset)
        If adoNoName.Recordset.BOF Or adoNoName.Recordset.EOF Then
            txtNo.Text = ""
            txtName.Text = ""
            txtGrade.Text = ""
            Exit Sub
        End If


        '显示当前学号、姓名
        txtNo.Text = adoNoName.Recordset("学号").Value
        txtName.Text = adoNoName.Recordset("姓名").Value


        '查询成绩表中当前学生的各科成绩
        Dim sql As String
        sql = "SELECT * FROM 成绩 WHERE 学号='" & txtNo.Text & "'"
        adoEdit.RecordSource = sql
        adoEdit.Refresh
        '填充课程组合框
        cboCourse.Clear
        With adoEdit.Recordset
            Do Until .EOF
                cboCourse.AddItem .Fields("课程").Value
```

```
                    .MoveNext
              Loop
         End With
         If cboCourse.ListCount > 0 Then
              cboCourse.ListIndex = 0
         Else
              txtGrade.Text = ""
         End If
   End Sub

   Private Sub cboClass_Click() '单击班级组合框
         Dim sqlN As String

         'DISTINCT 关键字过滤重复记录
         sqlN = "SELECT DISTINCT  成绩.学号  AS  学号,姓名  " _
                 & " FROM  成绩,学籍  " _
                 & " WHERE  学籍.学号=成绩.学号  AND  班级  ='" _
                 & cboClass.Text & "' ORDER BY  成绩.学号"

         '打开记录集
         adoNoName.RecordSource = sqlN
         adoNoName.Refresh

         '设置数据网格控件
         With dgdNoName
              Set .DataSource = adoNoName
              .Columns(0).Width = 1100
              .Columns(1).Width = 1100
         End With
   End Sub

   Private Sub cboCourse_Click() '单击课程组合框
         If Trim$(txtNo.Text) = "" Or Trim$(cboCourse.Text) = "" Then
              txtGrade.Text = ""
              Exit Sub
         Else
              With adoEdit.Recordset '显示分数
                    If .RecordCount > 0 Then .MoveFirst
                    .Find "课程='" & cboCourse.Text & "'"
                    If .EOF Then Exit Sub
                    txtGrade.Text = .Fields("分数").Value
              End With
         End If
   End Sub
```

```vb
Private Sub cmdCancel_Click() '取消
    txtGrade.Text = strGrade
    Call MyLock(True)
End Sub

Private Sub cmdDelete_Click() '删除
    If Trim$(txtNo.Text) = "" Or Trim$(cboCourse.Text) = "" Then Exit Sub
    Dim Response As Integer

    Response = MsgBox("删除当前记录吗？", vbQuestion + vbYesNo, "询问")
    If Response = vbYes Then
        With adoEdit.Recordset
            .Delete
            .Update

            '延时，以便完成数据库后台更新
            Dim sngWait As Single
            sngWait = Timer
            Do Until Timer - sngWait > 1#
                fraWait.Visible = True
                DoEvents
            Loop
            fraWait.Visible = False

            If .RecordCount = 0 Then
        MsgBox "成绩表中已无该学生的成绩。", vbInformation, "提示"
            Else
                MsgBox "成绩删除成功。", vbInformation, "提示"
            End If
            adoNoName.Refresh
            dgdNoName.Columns(0).Width = 1100
            dgdNoName.Columns(1).Width = 1100
        End With
    End If
    Call MyLock(True)
End Sub

Private Sub cmdEdit_Click() '修改
    If Trim$(txtNo.Text) = "" Or Trim$(cboCourse.Text) = "" Then Exit Sub
    strGrade = txtGrade.Text          '暂存当前成绩
    Call MyLock(False)                '成绩框解锁
    Call FocusBack(txtGrade)          '焦点返回
End Sub
```

```vb
Private Sub cmdExit_Click() '退出
    Unload Me
End Sub


Private Sub cmdUpdate_Click()     '更新
    '成绩框若为空白，提示重新输入
    If Trim$(txtGrade.Text) = "" Then
        MsgBox "请输入成绩！若无成绩，请将该记录删除。", vbExclamation, "提示"
        Call cmdCancel_Click
        txtGrade.SetFocus
        Exit Sub
    End If

    '更新
    With adoEdit.Recordset
        .Fields("分数").Value = Val(txtGrade.Text)
        .Update
    End With
    MsgBox "成绩修改成功。", vbInformation

    Call MyLock(True) '锁定
End Sub


Private Sub Form_Load()             '窗体加载
    Call MyLock(True)               '锁定相关控件
    Call AddClassItem(cboClass) '填充班级组合框
    fraWait.Top = 1200
    fraWait.Left = 1600
    dgdNoName.AllowUpdate = False
End Sub


Private Sub Form_Unload(Cancel As Integer) '窗体卸载时
    frmMain.Show
End Sub


'自定义过程：锁定/解锁相关控件
Private Sub MyLock(ByVal bLock As Boolean)
    txtGrade.Locked = bLock             'True=分数锁定
    cboClass.Locked = Not bLock         'False=班级解锁
    cboCourse.Locked = Not bLock        'False=课程解锁

    cmdEdit.Enabled = bLock             'True=修改按钮有效
    cmdCancel.Enabled = Not bLock       'False=取消按钮无效
```

```vb
        cmdUpdate.Enabled = Not bLock        'False=更新按钮无效
        dgdNoName.Enabled = bLock             'True
End Sub

Private Sub txtGrade_KeyPress(KeyAscii As Integer) '成绩框按键
    '按键非数字或回删键，取消
    If Not IsNumeric(Chr(KeyAscii)) And KeyAscii <> 8 Then
        KeyAscii = 0
    End If
End Sub

'查询成绩窗体 frmQueryGrade
Option Explicit
Dim sql As String    '存 SQL 语句

Private Sub chkQuery_Click(Index As Integer) '选中复选框时，焦点移至输入控件
    If chkQuery(Index).Value = vbUnchecked Then Exit Sub
    Select Case Index
        Case 0
            txtNo.SetFocus
        Case 1
            txtName.SetFocus
        Case 2
            cboCourse.SetFocus
        Case 3
            cboClass.SetFocus
    End Select
End Sub

Private Sub cmdAll_Click()
    'SQL 查询语句
    sql = "SELECT  成绩.学号  AS  学号,姓名,课程,分数,班级  " & _
        "  FROM  成绩,学籍  WHERE  成绩.学号=学籍.学号  ORDER BY  成绩.学号"
    Adodc1.RecordSource = sql      '生成记录集,刷新
    Adodc1.Refresh
    Set DataGrid1.DataSource = Adodc1
End Sub

Private Sub cmdExit_Click() '退出
    Unload Me
End Sub

Private Sub cmdQuery_Click() '查询
    Dim sql1 As String
```

```
Dim i As Integer
Dim sqlA(3) As String

'字符串数组存放各种查询条件，下标与复选框控件数组索引对应
' SQL 语句中使用 Like 运算符、% 通配符可实现模糊查询
sqlA(0) = " 成绩.学号  Like '%" & Trim$(txtNo.Text) & "%'"
sqlA(1) = " 姓名  Like '%" & Trim$(txtName.Text) & "%'"
sqlA(2) = " 课程  = '" & Trim$(cboCourse.Text) & "'"
sqlA(3) = " 班级  Like '%" & Trim$(cboClass.Text) & "%'"

sql1 = ""     '用于存放 SQL 语句中 WHERE 子句的条件
'循环遍历各查询条件复选框
For i = 0 To chkQuery.Count − 1
    If chkQuery(i).Value = vbChecked Then     '若某复选框被选中
        If sql1 = "" Then               '若只有一个复选框被选中
            sql1 = sqlA(i)          '利用字符串数组加入一个条件
        Else                              '若有多个复选框被选中
            sql1 = sql1 & " AND " & sqlA(i) '用 AND 运算符加入多个条件
        End If
    End If
Next

'退出循环后，若条件字符串为空，说明未选中任何复选框
'执行"全部"按钮单击事件过程的语句，显示全部记录
If sql1 = "" Then
    Call cmdAll_Click
    Exit Sub
End If

'SELECT 语句 + WHERE 子句的条件字符串形成完整的 SQL 语句
sql = "SELECT 成绩.学号  AS 学号,姓名,课程,分数,班级  " & _
    " FROM 成绩,学籍  WHERE   成绩.学号=学籍.学号  AND " _
    & sql1 & " ORDER BY 成绩.学号"

Adodc1.RecordSource = sql '刷新 Adodc1
Adodc1.Refresh

If Adodc1.Recordset.BOF Then       '若记录集为空
    MsgBox "对不起，没有您所要查找的记录。", vbInformation
    Exit Sub
End If

Set DataGrid1.DataSource = Adodc1 '重新绑定数据网格控件
```

```
        End Sub

Private Sub Form_Load() '窗体加载
        '填充课程组合框，分组子句(GROUP BY)筛选重复课程
        sql = "SELECT 课程 FROM 成绩 GROUP BY 课程 " _
                & " HAVING 课程<>NULL AND 课程<>"""
        Adodc1.RecordSource = sql
        Adodc1.Refresh
        With Adodc1.Recordset
            Do Until .EOF
                    cboCourse.AddItem .Fields("课程").Value.MoveNext
            Loop
        End With

        '填充班级组合框
        Call AddClassItem(cboClass)          '调用标准模块公有过程
        DataGrid1.AllowUpdate = False        '禁止修改网格控件的内容
End Sub

Private Sub Form_Unload(Cancel As Integer)
        frmMain.Show
End Sub
```

项 目 小 结

本项目的目的是通过创建学生信息管理系统，使读者掌握用 Visual Basic 和 ADO 技术编制数据库访问应用程序的基本过程和方法。通过本项目的学习，使读者能初步掌握上述要点。为数据库的后续学习打下基础。

思 考 与 练 习

本项目中的用户管理模块界面设计以及代码编写请读者作为项目拓展自行完成。

附录 A   ASCII 码表

信息在计算机上是用二进制表示的，这种表示法让人理解起来就很困难。因此计算机上都配有输入和输出设备，这些设备的主要目的就是，以一种人类可阅读的形式将信息在这些设备上显示出来，供人阅读理解。为保证人类和设备、设备和计算机之间能够进行正确的信息交换，人们编制了统一的信息交换代码，这就是 ASCII 码表，它的全称是"美国信息交换标准代码"，见表 A-1。

表 A-1   ASCII 码表

八 进 制	十 六 进 制	十 进 制	字　　符	八 进 制	十 六 进 制	十 进 制	字　　符
00	00	0	nul	40	20	32	sp
01	01	1	soh	41	21	33	!
02	02	2	stx	42	22	34	"
03	03	3	etx	43	23	35	#
04	04	4	eot	44	24	36	$
05	05	5	enq	45	25	37	%
06	06	6	ack	46	26	38	&
07	07	7	bel	47	27	39	`
10	08	8	bs	50	28	40	(
11	09	9	ht	51	29	41	)
12	0a	10	nl	52	2a	42	*
13	0b	11	vt	53	2b	43	+
14	0c	12	ff	54	2c	44	,
15	0d	13	er	55	2d	45	-
16	0e	14	so	56	2e	46	.
17	0f	15	si	57	2f	47	/
20	10	16	dle	60	30	48	0
21	11	17	dc1	61	31	49	1
22	12	18	dc2	62	32	50	2
23	13	19	dc3	63	33	51	3
24	14	20	dc4	64	34	52	4
25	15	21	nak	65	35	53	5
26	16	22	syn	66	36	54	6
27	17	23	etb	67	37	55	7
30	18	24	can	70	38	56	8

八　进　制	十六进制	十　进　制	字　　符	八　进　制	十六进制	十　进　制	字　　符
31	19	25	em	71	39	57	9
32	1a	26	sub	72	3a	58	:
33	1b	27	esc	73	3b	59	;
34	1c	28	fs	74	3c	60	<
35	1d	29	gs	75	3d	61	=
36	1e	30	re	76	3e	62	>
37	1f	31	us	77	3f	63	?
100	40	64	@	140	60	96	`
101	41	65	A	141	61	97	a
102	42	66	B	142	62	98	b
103	43	67	C	143	63	99	c
104	44	68	D	144	64	100	d
105	45	69	E	145	65	101	e
106	46	70	F	146	66	102	f
107	47	71	G	147	67	103	g
110	48	72	H	150	68	104	h
111	49	73	I	151	69	105	i
112	4a	74	J	152	6a	106	j
113	4b	75	K	153	6b	107	k
114	4c	76	L	154	6c	108	l
115	4d	77	M	155	6d	109	m
116	4e	78	N	156	6e	110	n
117	4f	79	O	157	6f	111	o
120	50	80	P	160	70	112	p
121	51	81	Q	161	71	113	q
122	52	82	R	162	72	114	r
123	53	83	S	163	73	115	s
124	54	84	T	164	74	116	t
125	55	85	U	165	75	117	u
126	56	86	V	166	76	118	v
127	57	87	W	167	77	119	w
130	58	88	X	170	78	120	x
131	59	89	Y	471	79	121	y
132	5a	90	Z	172	7a	122	z

续表

八 进 制	十六进制	十 进 制	字 符	八 进 制	十六进制	十 进 制	字 符
133	5b	91	[	173	7b	123	{
134	5c	92	\	174	7c	124	|
135	5d	93	]	175	7d	125	}
136	5e	94	^	176	7e	126	~
137	5f	95	_	177	7f	127	del

附录 B 常用对象的约定前缀

表 B-1 常用对象的约定前缀

对 象 类	前 缀
窗体（Form）	frm
命令按钮（CommandButton）	cmd
标签（Label）	lbl
文本框（Textbox）	txt
单选按钮（Optionbutton）	opt
复选框（CheckBox）	chk
框架（Frame）	fra
列表框（ListBox）	lst
组合框（ComBox）	cmb
图像框（Image）	img
图片框（PictureBox）	pic
水平滚动条（HScrollBar）	hsb
垂直滚动条（VScrollBar）	vsb
计时器（Timer）	tmr
形状（Shape）	shp
直线（Line）	lin
驱动器列表框（DriveListBox）	drv
目录列表框（DirListBox）	dir
文件列表框（FileListBox）	fil

附录 C Visual Basic 标准数据类型

表 C-1 Visual Basic 标准数据类型

数 据 类 型	类 型 名 称	类 型 符 号	常 有 前 缀	占 字 节 数	数 据 范 围
整型	Integer	%	Int	2	−32768～32767
长整型	Long	&	Lng	4	−2147483648 ～2147483647
单精度	Single	!	Sng	4	负数： −3.402823E38～ −1.401298E−45 正数： 1.401298E−45～ 3.402823E38
双精度	Double	#	dbl	8	负数： −1.79769313486232D308～ −4.4965645841247D−324 正数： 4.4965645841247D−324～ 1.79769313486232D308
日期型	Date（time）		dtm	8	
字符型	String	$	str	与字符长度有关	0～65535 个字符
逻辑型	Boolean		bln	2	True 或 False
货币类型	Currency	@	cur	8	−922337203685477.5808～ 922337203685477.5807
变体类型	Variant		vnt	根据需要分配	
对象型	Object		obj	4	任何引用对象
字节型	Byte		byt	1	0～255

附录 D 各类运算符及其含义、优先级

表 D-1 算术运算符的符号意义和用法举例

运 算 符	含 义	举 例	结 果	优 先 级
^	乘方	4^2	16	1
-	负号	−3+5	2	2
*	乘法	−2*3	−6	3
/	除法	3/2	1.5	3
\	整除	3\2	1	4
mod	取模	3mod2	1	5
+	加法	4+3	7	6
−	减法	4−5	−1	6

表 D-2 关系运算符的符号意义和用法举例

运 算 符	含 义	举 例	结 果
=	等于	"def" = "abc"	false
>	大于	"def" > "abc"	true
>=	大于等于	"bcd" >= "ebc"	false
<	小于	3<5	true
<=	小于等于	5<=5	true
<>	不等于	"abc" <> "ab"	true

各种运算符的优先顺序有以下原则。
- 表达式的括号最优先，相同优先级的运算按从左到右顺序运算。
- 各种类型运算符的优先顺序（从高到低）如下。
- 算术运算符、字符串连接运算符（&）、关系运算符、逻辑运算符。
- 各种关系运算符优先级是相同的。

表 D-3 逻辑运算符的符号意义

运 算 符	含 义	说 明	优 先 级
not	逻辑非	表达式的值为假，结果为真	1
and	逻辑与	两个表达式的值都为真，结果为真	2
or	逻辑或	两个表达式的值至少一个为真，结果为真	3
xor	逻辑异或	两个表达式的值一真一假，结果为真	3

运　算　符	含　义	说　明	优 先 级
eqv	逻辑等价	两个操作数相等时，结果为真	4
imp	逻辑蕴含	第一个表达式的值为真，且第二个表达式的值为假时，结果为假，否则结果为真	5

附录 E 各类常用内部函数

表 E-1 常用数学函数

函 数 名	返 回 类 型	功 能	例 子	运 算 结 果
abs(x)	与 x 相同	x 的绝对值	abs(−4)	4
tan(x)	double	角度 x 的正切值	tan(0)	0
atn(x)	double	角度 x 的反正切值	atn(1)	0.78539816
sin(x)	double	角度 x 的正弦值	sin(0)	0
cos(x)	double	角度 x 的余弦值	cos(0)	1
exp(x)	double	e（自然对数的底）的幂值	exp(1)	2.7182818
fix(x)	double	x 的整数部分	fix(−68.8)	−68
int(x)	double	x 的整数部分	int(−68.8)	−69
log(x)	double	x 的自然对数	log(2)	0.69314718
rnd(x)	single	一个小于 1 但大于 0 的随机数	6*rnd()	0~6 的随机数
sgn(x)	integer	x>0 返回 1	sgn(20)	1
		x=0 返回 0	sgn(0)	0
		x<0 返回−1	sgn(−5)	−1
sqr(x)	double	x 的平方根	sqr(49)	7

表 E-2 常用字符串函数

函 数 名	返 回 类 型	功 能	例 子	运 算 结 果
val(x)	double	字符串的数值	val("32")	32
asc(x)	integer	字符的 ASCII 码数值	asc("A")	65
chr(x)	integer	ASCII 码对应的字符	chr(97)	a
str(x)	string	数值转化成字符串	str(123)	"123"
hex(x)	string	数值转化成十六进制	hex(11)	B
oct(x)	string	数值转化成八进制	oct(8)	10
ltrim(string)	string	去掉左边空格	ltrim(" hello ")	"hello "
rtrim(string)	string	去掉右边空格	rtrim(" hello ")	" hello"
trim(tring)	string	去掉前后空格	trim(" hello ")	"hello"
left(string)	string	从左起取指定长度的字符	left("hello,3")	"hel"
right(string)	string	从右起取指定长度的字符	right("hello,3")	"llo"
mid(string,ni,n2)	string	从开始位置取指定长度的字符	mid("hello,3,2)	"ll"
instr(n,string1,string2)	integer	string2 在 string1 出现的位置	instr("hello","ll")	3

续表

函 数 名	返 回 类 型	功　　能	例　子	运 算 结 果
len(string)	integer	字符串的长度	len("hello")	5
string(n,c)	string	重复数个字符	string(3,"a")	"aaa"
lcase(string)	string	转成小写	lcase("HELLO")	"hello"
ucase(string)	string	转成大写	ucase("hello")	"HELLO"
strcomp(string1,string2)	integer	string1>string2 值为 1 string1=string2 值为 0 string1<string2 值为-1	Strcomp("BCD","bcd")	-1

表 E-3　常用日期与时间函数

函 数 名	返 回 类 型	功　　能	例　子	运 算 结 果
day(date)	Integer	返回日期，1～31 的整数	day(#2009/10/11#)	11
month(date)	integer	返回月份，1～12 的整数	month(#2009/10/11#)	10
year(date)	integer	返回年份	year(#2009/10/11#)	2009
weekday(date)	integer	返回星期几	weekday(#2007/10/11#)	4
time	date	返回系统当前时间	time	返回系统当前时间
date	date	返回系统当前日期	date	返回系统当前日期
now	date	返回系统当前时间和日期	now	返回系统当前时间和日期
hour(time)	integer	返回钟点，0～23 的整数	hour(#12:42:13PM#)	12
minute(time)	integer	返回分钟，0～59 的整数	minute(#12:42:13PM#)	42
second(time)	integer	返回秒钟，0～59 的整数	second(#12:42:13PM#)	13

附录 F 2010 年全国计算机等级考试二级 VB 考试大纲

◆ 基本要求

1. 熟悉 Visual Basic 集成开发环境。
2. 了解 Visual Basic 中对象的概念和事件驱动程序的基本特性。
3. 了解简单的数据结构和算法。
4. 能够编写和调试简单的 Visual Basic 程序。

◆ 考试内容

一、Visual Basic 程序开发环境

1. Visual Basic 的特点和版本。
2. Visual Basic 的启动与退出。
3. 主窗口：
（1）标题和菜单。
（2）工具栏。
4. 其他窗口：
（1）窗体设计器和工程资源管理器。
（2）属性窗口和工具箱窗口。

二、对象及其操作

1. 对象：
（1）Visual Basic 的对象。
（2）对象属性设置。
2. 窗体：
（1）窗体的结构与属性。
（2）窗体事件。
3. 控件：
（1）标准控件。
（2）控件的命名和控件值。
4. 控件的画法和基本操作。
5. 事件驱动。

三、数据类型及运算

1. 数据类型：
（1）基本数据类型。
（2）用户定义的数据类型。

2．常量和变量：

（1）局部变量和全局变量。

（2）变体类型变量。

（3）缺省声明。

3．常用内部函数。

4．运算符和表达式：

（1）算术运算符。

（2）关系运算符和逻辑运算符。

（3）表达式的执行顺序。

四、数据输入/输出

1．数据输出：

（1）Print 方法。

（2）与 Print 方法有关的函数（Tab，Spc，Space $）。

（3）格式输出（Format $）。

2．InputBox 函数。

3．MsgBox 函数和 MsgBox 语句。

4．字形。

5．打印机输出：

（1）直接输出。

（2）窗体输出。

五、常用标准控件

1．文本控件：

（1）标签。

（2）文本框。

2．图形控件：

（1）图片框、图像框的属性、事件和方法。

（2）图形文件的装入。

（3）直线和形状。

3．按钮控件。

4．选择控件：复选框和单选按钮。

5．选择控件：列表框和组合框。

6．滚动条。

7．记时器。

8．框架。

9．焦点和 Tab 顺序。

六、控制结构

1．选择结构：

（1）单行结构条件语句。

（2）块结构条件语句。

（3）IIf 函数。

2．多分支结构。

3．For 循环控制结构。

4．当循环控制结构。

5．Do 循环控制结构。

6．多重循环。

七、数组

1．数组的概念：

（1）数组的定义。

（2）静态数组和动态数组。

2．数组的基本操作：

（1）数组元素的输入、输出和复制。

（2）ForEach…Next 语句。

（3）数组的初始化。

3．控件数组。

八、过程

1．Sub 过程：

（1）Sub 过程的建立。

（2）调用 Sub 过程。

（3）调用过程和事件过程。

2．Funtion 过程：

（1）Funtion 过程的定义。

（2）调用 Funtion 过程。

3．参数传送：

（1）形参与实参。

（2）引用。

（3）传值。

（4）数组参数的传送。

4．可选参数和可变参数。

5．对象参数：

（1）窗体参数。

（2）控件参数。

九、菜单和对话框

1．用菜单编辑器建立菜单。

2．菜单项的控制：

（1）有效性控制。

（2）菜单项标记。

（3）键盘选择。

2．菜单项的增减。

3．弹出式对话框。

4．通用对话框。

5．文件对话框。

6．其他对话框（颜色、字体、打印对话框）。

十、多重窗体与环境应用

1．建立多重窗体应用程序。

2．多重窗体程序的执行与保存。

3．Visual Basic 工程结构：

（1）标准模块。

（2）窗体模块。

（3）SubMain 过程。

4．闲置循环与 DoEvents 语句。

十一、键盘与鼠标事件过程

1．KeyPress 事件。

2．KeyDown 事件和 KeyUp 事件。

3．鼠标事件。

4．鼠标光标。

5．拖放。

十二、数据文件

1．文件的结构与分类。

2．文件操作语句和函数。

3．顺序文件：

（1）顺序文件的写操作。

（2）顺序文件的读操作。

4．随机文件：

（1）随机文件的打开与读写操作。

（2）随机文件中记录的增加与删除。

（3）用控件显示和修改随机文件。

5．文件系统控件：

（1）驱动器列表框和目录列表框。

（2）文件列表框。

6．文件基本操作。

◆ 考试方式

1．笔试：90 分钟，满分 100 分，其中含公共基础知识部分的 30 分。

2．上机操作：90 分钟，满分 100 分。

上机操作包括：

（1）基本操作。

（2）简单应用。

（3）综合应用。

全国信息化应用能力考试介绍

考试介绍

全国信息化应用能力考试是由工业和信息化部人才交流中心组织、以工业和信息技术在各行业、各岗位的广泛应用为基础，检验应试人员应用能力的全国性社会考试体系，已经在全国近 1000 所职业院校组织开展，年参加考试的学生超过 100000 人次，合格证书由工业和信息化部人才交流中心颁发。为鼓励先进，中心于 2007 年在合作院校设立"国信教育奖学金"，获得该项奖学金的学生超过 300 名。

考试特色

* 考试科目设置经过广泛深入的市场调研，岗位针对性强；
* 完善的考试配套资源（教学大纲、教学 PPT 及模拟考试光盘）供师生免费使用；
* 根据需要提供师资培训、考前辅导服务；
* 先进的教学辅助系统和考试平台，硬件要求低，便于教师模拟教学和考试的组织；
* 即报即考，考试次数和时间不受限制，便于学校安排教学进度。

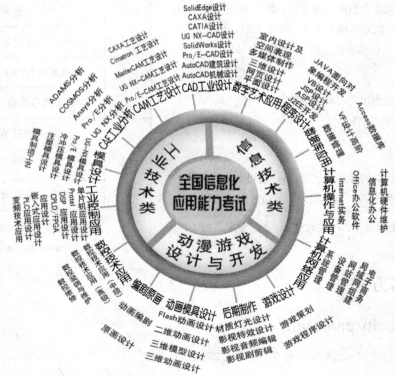

欢迎广大院校合作咨询

工业和信息化部人才交流中心教育培训处

电话：010-88252032 转 850/828/865

E-mail: ncae@ncie.gov.cn

官方网站：www.ncie.gov.cn/ncae